GLOBAL CLIMATE C
DAMS, RESERVOIRS AND
RELATED WATER RESOURCES /
CHANGEMENT CLIMATIQUE,
BARRAGES, RÉSERVOIRS
ET RESSOURCES EN EAU
ASSOCIÉES

The purpose of ICOLD Bulletin 169 is to assess the role of dams and reservoirs in adapting to the effects of global climate change, determine the threats, and potential opportunities, posed by global climate change to existing dams and reservoirs, and then recommend measures to mitigate against or adapt to the effects of global climate change. This bulletin is organized in chapters that include the following:

- a description of what is at risk when considering dams, reservoirs and related water resources.

- facts and uncertainties with climate evolution, mainly based on past observations analysis.

- framework and method for assessing climate induced impacts and risk at watershed scale.

- other drivers besides climate change that can affect the balance between resources and needs: demography, technology, sedimentation.

- climate-driven opportunities for new storage.

- emissions of greenhouse gases associated to reservoirs and water resources.

- adaptation strategies and case studies from different regions of the world and illustrating different water resources systems situations.

- recommendations.

  ICOLD recommendations (chapter 10) address three broad themes:

  Recommendation 1: Adopt a whole-of-system approach.

  Recommendation 2: Apply an adaptive management process.

  Recommendation 3: Collaborate with a wide range of disciplines, interest and stakeholders (including engineers alongside decision makers, politicians, natural resource scientists, social scientists, economists and the greater community) in the assessment of enduring and effective adaptation options.

L'objectif de ce ICOLD Bulletin 169 est d'évaluer le rôle des barrages et réservoirs dans l'adaptation face aux effets du réchauffement climatique, de déterminer les risques de même que les opportunités potentielles, imposées par le réchauffement climatique aux réservoirs et barrages, puis recommander des mesures d'atténuation ou d'adaptation aux effets du changement climatique mondial.

Le présent bulletin est structuré en plusieurs chapitres comprenant les éléments suivants :

- la caractérisation des risques pour les barrages et réservoirs, et pour la gestion des ressources en eau associées.

- les constats et incertitudes liés à l'évolution du climat, principalement fondés sur l'analyse des observations antérieures.

- les principes méthodologiques des études d'évaluation des impacts et des risques induits par l'évolution du climat à l'échelle du bassin versant.

- d'autres facteurs que le changement climatique qui peuvent affecter l'équilibre entre les ressources et les besoins : démographie, évolution technologique, sédimentation,...

- l'opportunité de créer de nouvelles réserves de stockage pour augmenter la résilience des systèmes aux effets climatiques.

- un point sur les émissions de gaz à effet de serre imputables aux réservoirs et aux ressources en eau.

- des principes de stratégie d'adaptation et des études de cas provenant de différentes régions du monde, illustrant différentes situations des systèmes de gestion des ressources en eau.

- des recommandations.

Les recommandations générales portent sur trois grands thèmes :

Recommandation 1: adopter une approche systémique d'ensemble

Recommandation 2: Appliquer un processus adaptatif de gestion

Recommandation 3: Collaborer avec un large éventail de disciplines, et de parties prenantes (ingénieurs, décideurs, élus, spécialistes des ressources naturelles, spécialistes des sciences sociales, économistes et la collectivité dans son ensemble) dans l'évaluation des options d'adaptation durables et efficaces.

GLOBAL CLIMATE CHANGE, DAMS, RESERVOIRS AND RELATED WATER RESOURCES / CHANGEMENT CLIMATIQUE, BARRAGES, RÉSERVOIRS ET RESSOURCES EN EAU ASSOCIÉES

INTERNATIONAL COMMISSION ON LARGE DAMS
COMMISSION INTERNATIONALE DES GRANDS BARRAGES
6 Quai Watier - 78400 Chatou
http://www.icold-cigb.org.

Cover illustration: planet earth inside drop water
Couverture: planète terre à l'intérieur d'une goutte d'eau

CRC Press/Balkema is an imprint of the Taylor & Francis Group, an informa business
© 2025 ICOLD/CIGB, Paris, France

Typeset by codeMantra

Published by CRC Press/Balkema
4 Park Square, Milton Park, Abingdon, Oxon, OX14 4RN

and by CRC Press/Balkema
2385 NW Executive Center Drive, Suite 320, Boca Raton FL 33431

AVERTISSEMENT – EXONÉRATION DE RESPONSABILITÉ :

Les informations, analyses et conclusions contenues dans cet ouvrage n'ont pas force de Loi et ne doivent pas être considérées comme un substitut aux réglementations officielles imposées par la Loi. Elles sont uniquement destinées à un public de Professionnels Avertis, seuls aptes à en apprécier et à en déterminer la valeur et la portée.

Malgré tout le soin apporté à la rédaction de cet ouvrage, compte tenu de l'évolution des techniques et de la science, nous ne pouvons en garantir l'exhaustivité.

Nous déclinons expressément toute responsabilité quant à l'interprétation et l'application éventuelles (y compris les dommages éventuels en résultant ou liés) du contenu de cet ouvrage.

En poursuivant la lecture de cet ouvrage, vous acceptez de façon expresse cette condition.

NOTICE – DISCLAIMER:

The information, analyses and conclusions in this document have no legal force and must not be considered as substituting for legally-enforceable official regulations. They are intended for the use of experienced professionals who are alone equipped to judge their pertinence and applicability.

This document has been drafted with the greatest care but, in view of the pace of change in science and technology, we cannot guarantee that it covers all aspects of the topics discussed.

We decline all responsibility whatsoever for how the information herein is interpreted and used and will accept no liability for any loss or damage arising therefrom.

Do not read on unless you accept this disclaimer without reservation.

Original text in English
French translation by the National Committees of Cameroon, Canada and France
Layout by Nathalie Schauner

Texte original en anglais
Traduction en français par les Comités Nationaux du Cameroun, du Canada et de la France
Mise en page par Nathalie Schauner

ISBN: 978-1-032-98737-8 (Pbk)
ISBN: 978-1-003-60263-7 (eBook)

LE COMITÉ SUR LES CHANGEMENTS CLIMATIQUES MONDIAUX ET LES BARRAGES, RÉSERVOIRS ET COURS D'EAU ASSOCIÉS

Président

USA	Ron Lemons

Vice-Président

France	Denis Aelbrecht

Members

Australie	Trevor Jacobs
Autriche	Otto Pirker
Canada	Rene Roy
Chine	Guoqing Wang
Iran	Amirhasan Pakdaman
Japon	Yasuto Tachikawa
	Tomonobu Sugiura (sub 1)
	Junichi Tsutsui (sub 2)
Corée	Kyung Taek Yum
Norvège	Ingjerd Haddeland
Russie	Mikhail Bolgov
Espagne	Francisco J. Sanchez Caro
Suède	Claes-Olof Brandesten
	Kristoffer Hallberg (sub)
Royaume Uni	Martin Airey

Membres correspondants et co-optés

Australie	David Stewart
Brésil	Noris Costa Diniz
	Fernando Campagnoli
Canada	Marco Braun
	Maud Demarty
	Diane Chaumont
France	Catherine Freissinet
	Stéphane Descloux
Iran	Ali Mohammad Hossein Nezhad
Japon	Hitosi Yoshida
	Koichi Kuwabara
Corée	Se-Woong Chung
	Ick Hwan Ko
	Young Dae Bae
Nigeria	Samuel O. Ome

COMMITTEE ON GLOBAL CLIMATE CHANGE AND DAMS, RESERVOIRS AND THE ASSOCIATED WATER RESOURSES

Chairman

USA	Ron Lemons

Vice Chairman

France	Denis Aelbrecht

Members

Australia	Trevor Jacobs
Austria	Otto Pirker
Canada	Rene Roy
China/*Chine*	Guoqing Wang
Iran	Amirhasan Pakdaman
Japan	Yasuto Tachikawa
	Tomonobu Sugiura (sub 1)
	Junichi Tsutsui (sub 2)
Korea	Kyung Taek Yum
Norway	Ingjerd Haddeland
Russia	Mikhail Bolgov
Spain	Francisco J. Sanchez Caro
Sweden	Claes-Olof Brandesten
	Kristoffer Hallberg (sub)
UK	Martin Airey

Corresponding and Co-opted Members

Australia	David Stewart
Brazil	Noris Costa Diniz
	Fernando Campagnoli
Canada	Marco Braun
	Maud Demarty
	Diane Chaumont
France	Catherine Freissinet
	Stéphane Descloux
Iran	Ali Mohammad Hossein Nezhad
Japan	Hitosi Yoshida
	Koichi Kuwabara
Korea	Se-Woong Chung
	Ick Hwan Ko
	Young Dae Bae
Nigeria	Samuel O. Ome

Espagne	Luis Berga
Suède	Sten Bergström
Royaume Uni	Andy Hughes
	Bernd Eggen
USA	George Annandale
Zambia	Romas Kamanga

Spain	Luis Berga
Sweden	Sten Bergström
UK	Andy Hughes
	Bernd Eggen
USA	George Annandale
Zambia	Romas Kamanga

SOMMAIRE	CONTENTS

TABLEAUX & FIGURES	TABLES & FIGURES
1. RÉSUMÉ	1. EXECUTIVE SUMMARY
2. OBJECTIF DU BULLETIN CIGB	2. OBJECTIVE OF ICOLD BULLETIN
3. QUELS SONT LES RISQUES EN JEU ?	3. WHAT IS AT RISK?
4. L'ÉVOLUTION DU CLIMAT : ÉLÉMENTS FACTUELS ET INCERTITUDES	4. CLIMATE EVOLUTION: FACTS, UNCERTAINTIES
5. IMPACT ET ÉVALUATION DES RISQUES LIÉS AU CLIMAT SUR LES BARRAGES, LES RÉSERVOIRS ET LES RESSOURCES EN EAU	5. CLIMATE-INDUCED IMPACT AND RISK ASSESSMENT ON DAMS, RESERVOIRS, AND WATER RESOURCES SYSTEMS
6. LE CLIMAT EST L'UN DES FACTEURS D'IMPACT... MAIS PAS LE SEUL	6. CLIMATE IS ONE OF THE DRIVERS... AMONG OTHER
7. POSSIBILITÉ DE NOUVEAUX STOCKAGES ET DE NOUVELLES RESSOURCES	7. OPPORTUNITIES FOR NEW STORAGE AND NEW RESOURCES MANAGEMENT
8. ÉMISSIONS DE GAZ À EFFET DE SERRE ASSOCIÉES AUX RÉSERVOIRS ET AUX RESSOURCES HYDRIQUES	8. GREENHOUSE GAS EMISSIONS ASSOCIATED TO RESERVOIRS AND WATER RESOURCES
9. STRATÉGIE D'ADAPTATION. CAS D'ÉTUDE	9. ADAPTATION STRATEGY. CASE STUDIES
10. RECOMMANDATIONS DE LA CIGB	10. ICOLD RECOMMENDATIONS
11. RÉFÉRENCES	11. REFERENCES
12. REMERCIEMENTS	12. ACKNOWLEDGEMENTS
13. GLOSSAIRE SUCCINCT	13. BRIEF GLOSSARY
14. ANNEXE A – ÉTUDES DE CAS DE LA CIGB SUR LE CHANGEMENT CLIMATIQUE	14. APPENDIX A – ICOLD CLIMATE CHANGE CASE STUDIES

TABLE DES MATIERES

1. RÉSUMÉ 20

2. OBJECTIF DU BULLETIN CIGB 26

    2.1   Termes de référence.. 26

    2.2   Organisation des travaux... 28

3. QUELS SONT LES RISQUES EN JEU ? 32

    3.1   Le risque climatique pour les ressources : nécessité de définir un scénario de référence et des indicateurs de risque 32

    3.2   Risques pour les ressources en eau 36

    3.3   Risques pour les structures de génie-civil 40

    3.4   Risques ou opportunités ?... 42

4. L'ÉVOLUTION DU CLIMAT : ÉLÉMENTS FACTUELS ET INCERTITUDES 44

    4.1   Contexte 44

    4.2   Le rôle de la modélisation climatique 46

    4.3   Températures de l'Air... 46

    4.4   Précipitations 48

    4.5   Ressources en eau mondiales : débiys et réserves 52

5. IMPACT ET ÉVALUATION DES RISQUES LIÉS AU CLIMAT SUR LES BARRAGES, LES RÉSERVOIRS ET LES RESSOURCES EN EAU.................... 56

    5.1   Recommandations du giec pour l'analyse d'impact régional........................... 56

    5.2   Exigences relatives à l'adaptation de la conception et de L'EXPLOITATION DES barrages et réservoirs 58

    5.3   Prise en compte des incertitudes. approches probabilistes 70

    5.4   Exemples d'analyse de l'impact régional sur le climat 74

6. LE CLIMAT EST L'UN DES FACTEURS D'IMPACT... MAIS PAS LE SEUL 78

    6.1   Évolution Démographique 78

    6.2   Évolution Technologique.. 78

TABLE OF CONTENTS

1. EXECUTIVE SUMMARY 21

2. OBJECTIVE OF ICOLD BULLETIN... 27

    2.1   Terms of reference.. 27

    2.2   Work organization... 29

3. WHAT IS AT RISK?.. 33

    3.1   Climate risk for water resources: need to define a baseline and risk indicators............... 33

    3.2   Risks for water resources 37

    3.3   Risks for civil-engineering structures... 41

    3.4   Risks or OPPORTUNITIES? 43

4. CLIMATE EVOLUTION: FACTS, UNCERTAINTIES 45

    4.1   Background 45

    4.2   The role of climate modelling... 47

    4.3   Air temperatures 47

    4.4   Precipitation.. 49

    4.5   Global water resources.. 53

5. CLIMATE-INDUCED IMPACT AND RISK ASSESSMENT ON DAMS,
RESERVOIRS, AND WATER RESOURCES SYSTEMS 57

    5.1   Ipcc recommendations for regional impact analysis... 57

    5.2   Requirements for adapting dam and reservoir design and operation to climate change 59

    5.3   Managing uncertainty. Towards probabilistic approaches 71

    5.4   Examples of regional climate impact analysis 75

6. CLIMATE IS ONE OF THE DRIVERS... AMONG OTHER 79

    6.1   Demography evolution.. 79

    6.2   Technology evolution 79

6.3 Évolution sociale et réglementaire...80

6.4 Facteurs Économiques..80

6.5 Sédimentation...80

7. POSSIBILITÉ DE NOUVEAUX STOCKAGES ET DE NOUVELLES RESSOURCES.............82

7.1 Introduction..82

7.2 Le besoin en nouvelles réserves d'eau..82

7.3 Impact des changements climatiques sur le débit des cours d'eau...............88

7.4 Impact des changements climatiques sur la fiabilité d'approvisionnement.......88

7.5 Pour Des Infrastructures robustes...96

7.6 Stockage global – tendances actuelles..96

8. ÉMISSIONS DE GAZ À EFFET DE SERRE ASSOCIÉES AUX RÉSERVOIRS ET
AUX RESSOURCES HYDRIQUES..102

8.1 Introduction..102

8.2 Pourquoi et comment les réservoirs émettent-ils des GES ?........................102

8.3 impact des réservoirs sur les changements climatiques................................112

8.4 quantification des émissions de GES des réservoirs......................................114

8.5 Impacts des changements climatiques futurs sur les
émissions de GES des réservoirs..116

9. STRATÉGIE D'ADAPTATION. CAS D'ÉTUDE..118

9.1 Principes d'adaptation..118

9.2 Mesures d'adaptation structurelles et fonctionnelles....................................126

9.3 Cas d'étude régionaux : exemples d'adaptation climatique..........................132

10. RECOMMANDATIONS DE LA CIGB...140

11. RÉFÉRENCES..150

12. REMERCIEMENTS...162

12.1 Pilotage de la rédaction des chapitres...162

12.2 Comité CIGB pour l'Environnement...162

12.3 Liens avec d'autres initiatives régionales ou internationales......................162

13. GLOSSAIRE SUCCINCT..166

14. ANNEXE A – ÉTUDES DE CAS DE LA CIGB SUR LE CHANGEMENT CLIMATIQUE.........170

6.3   Social and regulatory evolution 81

6.4   Economic factors 81

6.5   Sedimentation 81

7. OPPORTUNITIES FOR NEW STORAGE AND NEW RESOURCES MANAGEMENT 83

7.1   Introduction 83

7.2   The need for reservoirs 83

7.3   Climate change impacts on streamflow 89

7.4   Impact of climate change on reliability of supply 89

7.5   Robust infrastructure 97

7.6   Global storage – current trends 97

8. GREENHOUSE GAS EMISSIONS ASSOCIATED TO RESERVOIRS AND WATER
RESOURCES 103

8.1   Introduction 103

8.2   Why and how do reservoirs emit GHG? 103

8.3   Impact of reservoirs on climate change 113

8.4   Measurement of GHG emissions from reservoirs 115

8.5   Impact of future climate change on GHG emissions from reservoirs 117

9. ADAPTATION STRATEGY. CASE STUDIES 119

9.1   Adaptation principles 119

9.2   Structural or functional adaptation measures 127

9.3   Regional case studies of adaptation to climate impact 133

10. ICOLD RECOMMENDATIONS 141

11. REFERENCES 151

12. ACKNOWLEDGEMENTS 163

12.1 Chapters leading authors 163

12.2 ICOLD Environment Committee 163

12.3 Connections with other regional or international initiatives 163

13. BRIEF GLOSSARY 167

14. APPENDIX A – ICOLD CLIMATE CHANGE CASE STUDIES 171

TABLEAUX & FIGURES

TABLEAUX

7.1   CORRESPONDANCE ENTRE ÉCART-TYPE DE LA LOI NORMALE ET PROBABILITÉ DE DÉFAILLANCE 90

8.1   EXEMPLES D'IMPACTS SUR LES ÉMISSIONS DE GES DES RÉSERVOIRS D'ÉVÈNEMENTS LIÉS AUX CHANGEMENTS CLIMATIQUES 116

FIGURES

3.1   TYPES DE CHANGEMENTS DES PARAMÈTRES CLIMATIQUES PAR MODIFICATION SCHÉMATIQUE DE LEUR DENSITÉ DE PROBABILITÉ : (A) CHANGEMENT DE LA MOYENNE, (B) CHANGEMENT DE LA VARIABILITÉ, ET (C) COMBINAISON DES DEUX 34

4.1   MISE EN ÉVIDENCE DE L'IMPACT DE L'ACTIVITÉ ANTHROPIQUE SUR LE CHANGEMENT DE LA TEMPÉRATURE MOYENNE MONDIALE (DU GIEC 2007-4ÈME ÉVALUATION).................44

5.1   ILLUSTRATION DE LA CONCEPTION DE L'ANALYSE QUANTIFIANT LES AVANTAGES DE L'ADAPTATION (MODIFIÉ DE ROY ET AL., 2008) 60

5.2   DIFFÉRENTES APPROCHES DE L'ÉVALUATION DE L'IMPACT HYDROLOGIQUE SUR LE CLIMAT.................62

5.3   SCHÉMA D'ESTIMATION PROBABILISTE DU RISQUE.................72

5.4   EXEMPLE DE RÉSULTATS D'ANALYSE PROBABILISTE (TIRÉ DE JONES, 2000) 74

7.1   RÉDUCTION MONDIALE DES RESSOURCES AQUIFÈRES (D'APRÈS DONNÉES DE KONIKOW 2011).................84

7.2   (A) RETOUR SUR INVESTISSEMENT ÉNERGÉTIQUE – COMPARAISON DES DIFFÉRENTES TECHNOLOGIES (B) ÉMISSIONS DE GAZ À EFFET DE SERRE – COMPARAISON DES FILIÈRES DE PRODUCTION (IHA, 2003).................86

7.3   ANTICIPATION DES POSSIBLES CHANGEMENTS DE DÉBIT MOYEN DES RIVIÈRES (D'APRÈS BATES ET AL. 2008).................88

7.4   COURBES DE DÉBIT CLASSÉ ADIMENSIONNELLES POUR 2 COEFFICIENTS DE VARIATION (ANNANDALE 2013) 92

7.5   RELATION ENTRE APPORTS-STOCKAGE-FIABILITÉ EN FONCTION DE LA VARIABILITÉ HYDROLOGIQUE ET POUR DIFFÉRENTS VOLUMES DE RÉSERVOIRS, VISANT UNE FIABILITÉ DE 99% (ANNANDALE 2013) 94

16

TABLES & FIGURES

TABLES

7.1 RELATIONSHIP BETWEEN THE STANDARDIZED DEVIATE OF THE NORMAL DISTRIBUTION AND PROBABILITY OF FAILURE 91

8.1 EXAMPLES OF IMPACT OF EVENTS RELATED TO CLIMATE CHANGE ON RESERVOIRS GHG EMISSIONS 117

FIGURES

3.1 TYPES OF CLIMATIC PARAMETERS CHANGES THROUGH SCHEMATIC CHANGE OF THEIR DENSITY OF PROBABILITY: (A) SHIFT OF THE AVERAGE, (B) CHANGE IN THE VARIABILITY, AND (C) COMBINATION OF BOTH 35

4.1 EVIDENCE OF ANTHROPOGENIC ACTIVITY ON GLOBAL AVERAGE TEMPERATURE CHANGE (FROM IPCC 2007 – 4TH ASSESSMENT) 45

5.1 ILLUSTRATION OF THE ANALYSIS DESIGN QUANTIFYING THE BENEFITS FOR ADAPTATION (MODIFIED FROM ROY ET AL., 2008) 61

5.2 DIFFERENT PATHWAYS FOR HYDROLOGICAL CLIMATE IMPACT ASSESSMENTS.......63

5.3 PROBABILISTIC RISK ESTIMATION SCHEMATIC DIAGRAM...73

5.4 EXAMPLE OF PROBABILISTIC ANALYSIS OUTPUT (FROM JONES, 2000) 75

7.1 GLOBAL GROUNDWATER DEPLETION (DATA FROM KONIKOW 2011)............................85

7.2 (A) ENERGY PAYBACK RATIO – COMPARISON AMONG DIFFERENT POWER SOURCE OPTIONS (B) GHG EMISSIONS – COMPARISON AMONG POWER GENERATION OPTIONS (IHA, 2003)...87

7.3 ANTICIPATED CHANGE IN MEAN ANNUAL RIVER FLOW (AFTER BATES ET AL. 2008)....89

7.4 DURATION CURVES FOR VARYING COEFFICIENT OF VARIATION (ANNANDALE 2013) 93

7.5 STORAGE-YIELD-RELIABILITY RELATIONSHIPS FOR VARYING HYDROLOGIC VARIABILITY (I.E. COEFFICIENT OF VARIATION) AND 99% RELIABILITY (ANNANDALE 2013) 95

7.6 IMPACT POTENTIEL DU CHANGEMENT CLIMATIQUE ET DE LA VARIABILITÉ HYDROLOGIQUE ASSOCIÉE SUR LA FIABILITÉ DE PRODUCTION HYDRO-ÉLECTRIQUE DE L'AMÉNAGEMENT DES TROIS GORGES (CHINE)................................96

7.7 RELATION ENTRE APPORTS ADIMENSIONNELS À 99% DE FIABILITÉ ET VARIABILITÉ HYDROLOGIQUE POUR DEUX VOLUMES (ADIMENSIONNELS) DE RÉSERVOIR, ILLUSTRANT LE CONCEPT DE ROBUSTESSE...................................98

7.8 TENDANCES DE LA CROISSANCE DÉMOGRAPHIQUE MONDIALE ET DU VOLUME BRUT DES RÉSERVOIRS...98

7.9 ÉVOLUTION DE LA CAPACITÉ MONDIALE DE STOCKAGE NET ET PAR HABITANT DES RÉSERVOIRS (ANNANDALE, 2013) 100

8.1 ÉMISSIONS DE DIOXYDE DE CARBONE ET DE MÉTHANE D'UN BASSIN VERSANT NATUREL (UNESCO/IHA 2010)...104

8.2 CYCLE DU CARBONE EN MILIEU AQUATIQUE (ISSU DE HARBY ET COLL., 2012)......106

8.3 PRINCIPAUX PROCESSUS LIÉS AUX ÉMISSIONS DE GES D'UN RÉSERVOIR (TIRÉ DE DEMARTY ET BASTIEN, 2011) 108

8.4 A – ÉVOLUTION DES ÉMISSIONS DIFFUSIVES BRUTES ESTIVALES PAR MÈTRE CARRÉ PAR JOUR SELON L'ÂGE DE RÉSERVOIRS AU QUÉBEC, CANADA. (TIRÉ DE MARCHAND ET COLL., 2012)..................................110

B – ÉMISSIONS ANNUELLES DE CH_4 PAR KILOMÈTRE CARRÉ POUR DEUX RÉSERVOIRS TROPICAUX (PETIT SAUT, GUYANE FRANÇAISE ET BALBINA, BRÉSIL) EN FONCTION DE LEUR ÂGE. LA LIGNE POINTILLÉE REPRÉSENTE UNE TENDANCE À LA BAISSE. (TIRÉ DE DEMARTY & BASTIEN, 2011-B)..110

8.5 DÉLIMITATION D'UN PROJET DE RÉSERVOIR (TIRÉ DE UNESCO/IHA, 2010) 114

9.1 L'APPROCHE « SANS REGRETS » DE GESTION ADAPTATIVE........................124

7.6   POTENTIAL IMPACT OF CLIMATE CHANGE ON ENERGY PRODUCTION AT THREE GORGES DAM 97

7.7   RELATIONSHIP BETWEEN WATER YIELD AT 99% RELIABILITY FOR TWO RESERVOIR VOLUMES AND VARYING COEFFICIENTS OF VARIATION; ILLUSTRATING THE CONCEPT OF ROBUSTNESS 99

7.8   TRENDS IN WORLD POPULATION GROWTH AND GROSS RESERVOIR VOLUME 99

7.9   NET TOTAL AND PER CAPITA GLOBAL RESERVOIR STORAGE SPACE (ANNANDALE, 2013) 101

8.1   CARBONE DIOXIDE AND METHANE EMISSIONS FROM A NATURAL CATCHMENT (UNESCO/IHA 2010) 105

8.2   CARBON CYCLE IN THE WATERSCAPE (FROM HARBY $ET AL.$, 2012). 107

8.3   MAIN PROCESSES LEADING TO GHG EMISSIONS FROM RESERVOIRS (FROM DEMARTY AND BASTIEN, 2011)..109

8.4   A - EVOLUTION OF GROSS SUMMER CO_2 DIFFUSIVE EMISSIONS PER SQUARE METRE PER DAY WITH RESERVOIR AGE IN QUEBEC, CANADA. (FROM MARCHAND ET AL., 2012). 111

        B - ANNUAL CH_4 EMISSIONS PER SQUARE KILOMETER FOR TWO TROPICAL RESERVOIRS (PETIT SAUT, FRENCH GUIANA AND BALBINA, BRAZIL) AS A FUNCTION OF AGE. DOTTED LINE REPRESENTS THE DECREASING TREND (FROM DEMARTY & BASTIEN, 2011-B)....................................... 111

8.5   BOUNDARIES FOR RESERVOIR PROJECTS (FORM UNESCO/IHA, 2010).................. 115

9.1   NO REGRETS APPROACH TO ADAPTIVE MANAGEMENT..125

1.   RESUME

L'objectif de ce bulletin est d'évaluer le rôle des barrages et réservoirs dans l'adaptation face aux effets du réchauffement climatique, de déterminer les risques de même que les opportunités potentielles, imposées par le réchauffement climatique aux réservoirs et barrages, puis recommander des mesures d'atténuation ou d'adaptation aux effets du changement climatique mondial.

• Les risques liés aux changements climatiques pour les barrages, les réservoirs et les ressources en eau connexes résultent d'une combinaison de d'aléas liés à l'eau et de la vulnérabilité des systèmes d'approvisionnement en eau.

• Les barrages et réservoirs peuvent aussi jouer un rôle important dans l'adaptation face au changement climatique : les bassins avec une importante capacité de régulation sont plus résistants à la variabilité des apports en eau, moins vulnérable aux changements climatiques, et leur stockage sert de tampon contre le changement climatique.

• L'hydroélectricité, en temps qu'utilisation énergétique des barrages et réservoirs, peut aussi s'avérer être un outil essentiel dans l'atténuation de ces changements.

De manière générale, dans ce contexte d'augmentation régulière de la température moyenne de l'air, les projections prédisent que les hautes latitudes obtiendront plus de précipitations et les basses latitudes obtiendront moins qu'actuellement. Ainsi, les latitudes plus élevées doivent s'attendre et se préparer à plus d'écoulements, contrairement aux basses latitudes. Toutefois, les projections conduisent, pour certaines régions spécifiques, à s'attendre à des extrêmes importants plus fréquents, de plus grandes inondations et des périodes de sécheresse plus longues, bien que l'évolution des conditions extrêmes soit encore caractérisée par une grande incertitude. En effet, si les tendances des sécheresses peuvent être établies avec une plus grande confiance (plus intenses, plus fréquentes), les tendances en matière d'évolutions des crues et des inondations résultantes doivent être annoncées avec prudence : des précipitations plus importantes sur une courte échelle de temps peuvent être compensées par des terrains (sols) plus secs (particulièrement pour les grands bassins versants), entraînant une réponse incertaine de l'écoulement. Ce mécanisme dépendra fortement de la taille du bassin hydrographique et de la région climatique considérée.

Le présent bulletin est structuré en plusieurs chapitres comprenant les éléments suivants :

• La caractérisation des risques pour les barrages et réservoirs, et pour la gestion des ressources en eau associées (chapitre 3)

• Les constats et incertitudes liés à l'évolution du climat, principalement fondés sur l'analyse des observations antérieures (chapitre 4)

• Les principes méthodologiques des études d'évaluation des impacts et des risques induits par l'évolution du climat à l'échelle du bassin versant (chapitre 5)

• D'autres facteurs que le changement climatique qui peuvent affecter l'équilibre entre les ressources et les besoins : démographie, évolution technologique, sédimentation, (chapitre 6)

• L'opportunité de créer de nouvelles réserves de stockage pour augmenter la résilience des systèmes aux effets climatiques (chapitre 7)

• Un point sur les émissions de gaz à effet de serre imputables aux réservoirs et aux ressources en eau (chapitre 8)

1.   EXECUTIVE SUMMARY

The purpose of this bulletin is to assess the role of dams and reservoirs in adapting to the effects of global climate change, determine the threats, and potential opportunities, posed by global climate change to existing dams and reservoirs, and then recommend measures to mitigate against or adapt to the effects of global climate change.

- The climate change risk to dams, reservoirs and related water resources results from a combination of water hazards and water systems vulnerability, it is site specific and highly variable from one region to another one.

- Dams and reservoirs can also play a significant role in the adaptation to the climatic change: basins with significant reservoir capacity of regulation are more resilient to water resource changes, less vulnerable to climate change, and storage acts as a buffer against climate change.

- Hydropower, as one energetic use of dams and reservoirs, can also stand as a crucial tool in climate change mitigation.

In general, together with a global warming and general average air temperature increase, it is predicted that higher latitudes will get more precipitation and lower latitudes will get less. Therefore, higher latitudes should prepare for more runoff and lower latitudes less. However, the predication is, for some locals, to have to deal with more frequent significant extremes, greater flooding and longer more severe dry periods, though evolution in extreme conditions is still characterized with high uncertainty. Indeed, if trends on drought events can be stated with significant confidence (more intense, more frequent), trends on floods must be announced with caution: higher precipitations at short time scales may also be compensated by dryer soils (particularly for large watersheds), resulting in an uncertain run-off change. This mechanism will be highly dependent on watershed size and climatic region of concern.

This bulletin is organized in chapters that include the following:

- a description of what is at risk when considering dams, reservoirs and related water resources (chapter 3)

- facts and uncertainties with climate evolution, mainly based on past observations analysis (chapter 4)

- framework and method for assessing climate induced impacts and risk at watershed scale (chapter 5)

- other drivers besides climate change that can affect the balance between resources and needs: demography, technology, sedimentation, (chapter 6)

- climate-driven opportunities for new storage (chapter 7)

- emissions of greenhouse gases associated to reservoirs and water resources (chapter 8)

- Des principes de stratégie d'adaptation et des études de cas provenant de différentes régions du monde, illustrant différentes situations des systèmes de gestion des ressources en eau (chapitre 9)

- Des recommandations (chapitre 10)

Pour chaque chapitre, les informations fournies se basent sur l'expérience des membres de la CIGB/ICOLD, leurs connaissances et références, mais aussi sur les publications et les connaissances les plus récentes – espérons-le – de l'extérieur de la communauté de la CIGB/ICOLD, en particulier pour les questions de science climatique (p. ex., analyses fournies par la communauté du GIEC/IPCC).

Compte-tenu de l'incertitude qui subsiste dans les projections climatiques (en particulier pour les régimes de précipitations) et les longs horizons de préoccupation, l'impact exact du changement climatique sur des projets spécifiques de ressources en eau ne peut être prédit avec certitude. Par conséquent, la mise en œuvre réussie d'une stratégie de gestion adaptative doit tenir compte des incertitudes et permettre un processus échelonné dans le temps. C'est pour cette raison qu'une approche d'adaptation « sans regrets » est recommandée, bien que certaines situations nécessitent une anticipation dans la prise de décisions en matière d'adaptation, particulièrement pour de grands réseaux hydrographiques. L'approche « sans regrets », comme illustré dans la partie 9.1, consiste à adopter des interventions ou mesures pour réduire un risque avéré ou perçu, puis à envisager, après implémentation de ces mesures, les scénarios d'évolution possibles, surveiller l'évolution du système pour, à nouveau, envisager de nouvelles mesures permettant de réduire les risques résiduels. De cette façon, les mesures d'adaptation peuvent être prises en fonction du besoin, mais pas trop tôt.

Les recommandations générales de la CIGB/ICOLD (chapitre 10) portent sur trois grands thèmes :

Recommandation 1 : adopter une approche systémique d'ensemble

- Prendre en compte les multiples besoins/objectifs à l'échelle des bassins hydrographiques,

- Caractériser ce qui est réellement à risque dans votre système de gestion des ressources en eau, au moyen d'analyse de risques fonctionnelle (voir le chapitre 3)

- Établir les priorités dans l'usage et les besoins en eau, et veiller à ce qu'une quantité suffisante d'eau pour l'environnement soit assurée pour maintenir les milieux naturels et les réseaux fluviaux dans un état écologique suffisant pendant les périodes de sécheresse extrême,

- Veiller à ce qu'une quantité suffisante d'eau de qualité adéquate soit assurée pour répondre aux besoins essentiels humains afin de leur permettre de traverser des périodes extrêmement sèches ou extrêmement humides.

Recommandation 2 : Appliquer un processus adaptatif de gestion

- Identifier et combler les manques en matière de données, connaissances et d'information dans la compréhension du système et des risques encourus (voir le chapitre 4)

- Envisager de multiples scénarios probables qui couvrent un large éventail plausible de l'évolution du climat; ne pas se baser uniquement sur un unique scénario pour éviter des conclusions trompeuses (trop pessimistes ou trop optimistes) - (voir chapitres 4 et 5),

- adaptation strategies and case studies from different regions of the world, and illustrating different water resources systems situations (chapter 9)

- recommendations (chapter 10)

For each chapter, information provided are based on ICOLD members experience, knowledge and references but also on the most recent – hopefully – publications and knowledge from outside the ICOLD community, especially for matters about climate science (e.g. analyses provided by the IPCC community).

Given the remaining uncertainty in climate projections (especially for precipitation patterns) and longtime horizons of concern, the exact impact of climate change on specific water resources projects cannot be accurately predicted. Therefore, the successful implementation of an adaptive management strategy recognizes the uncertainties and allows for a staged process. It is for this reason that a "No Regrets" approach to adaptation is recommended, though some situations would require anticipation in adaptation decision-making, particularly for large water systems. The "No Regrets" approach, as illustrated in Figure 9.1, involves undertaking some form of intervention or action to reduce a current or perceived future risk, and at the completion of that intervention modeling future possible outcomes, then monitoring system performance. In this way, the adaptive measures can be undertaken when needed, but not before needed.

ICOLD recommendations (chapter 10) address three broad themes:

Recommendation 1: Adopt a whole-of-system approach.

- take into account the appropriate multiple needs / objectives at the river basin scale,

- establish what is really at risk in your water resources system, using risk-based approaches (see chapter 3),

- establish priorities in water usages and needs, and ensure that sufficient water for the environment is secured to sustain natural environments and healthy river systems through extremely dry periods,

- ensure that sufficient water of adequate quality is secured for critical human needs for dependent communities to get them through extremely dry or extremely wet periods.

Recommendation 2: Apply an adaptive management process.

- identify expertise / information gaps in understanding (see chapter 4),

- consider multiple likely scenarios that cover the range of potential climate evolution; do not only rely on one single scenario to avoid misleading conclusions (too pessimistic or too optimistic) - (see chapters 4 and 5),

- Élaborer et partager des méthodes et des approches appropriées (déterministes, probabilistes) pour :

  - (i) évaluer les risques climatiques spécifiques à chaque système de ressources en eau

  - (ii) proposer des adaptations possibles au changement climatique propres à chaque secteur d'utilisation des ressources en eau (voir chapitre 5),

- Établir une organisation de gestion intégrée du bassin dans le but d'élaborer et de dupliquer des pratiques exemplaires en matière de gestion du bassin hydrographique (voir le chapitre 9 et les études de cas)

Recommandation 3 : Collaborer avec un large éventail de disciplines, et de parties prenantes (ingénieurs, décideurs, élus, spécialistes des ressources naturelles, spécialistes des sciences sociales, économistes et la collectivité dans son ensemble) dans l'évaluation des options d'adaptation durables et efficaces.

- Déterminer et expliquer comment les barrages et les réservoirs peuvent atténuer les effets des changements climatiques dans votre bassin versant (voir le chapitre 7)

- Expliquer comment et dans quelle mesure les émissions de GES liées aux barrages et aux réservoirs peuvent ou non jouer un rôle en comparaison des autres sources d'émissions de GES (voir le chapitre 8)

- Mobiliser et faire participer le public et les parties prenantes de façon active et opportune dès le début.

- Communiquer et informer de façon pédagogique, claire, concise et simple sur le rôle des barrages et des réservoirs dans la gestion des risques et des possibilités d'adaptation aux effets du changement climatique.

Ron Lemons & Denis Aelbrecht
Président & Vice-Président
Comité CIGB sur le Changement Climatique (Y)

- develop and share appropriate methods and approaches (deterministic, probabilistic) to :

    - (i) assess climate risk on your water resources system, and

    - (ii) adapt to climate change in the water sectors (see chapter 5),

- establish an integrated basin management organization with an aim to develop / transfer best practices in river basin management (see chapter 9 and case studies).

Recommendation 3: Collaborate with a wide range of disciplines, interest and stakeholders (including engineers alongside decision makers, politicians, natural resource scientists, social scientists, economists and the greater community) in the assessment of enduring and effective adaptation options.

- Identify and explain how dams and reservoirs can mitigate climate change impact in your watershed (see chapter 7)

- Explain how – and how much - GHG emissions are linked to dams and reservoirs (see chapter 8)

- Engage, involve the public and stakeholders actively and early on and ongoingly

- Communicate and educate clearly, concisely and simply, on the role of dams and reservoirs in climate change risks and opportunities management.

Ron Lemons & Denis Aelbrecht
President & Vice-President
ICOLD Committee on Global Climate Change (Y)

2.   OBJECTIF DU BULLETIN CIGB

2.1.   TERMES DE RÉFÉRENCE

Le présent bulletin a été élaboré en réponse au mandat du Comité sur les changements climatiques mondiaux et les barrages, réservoirs et ressources en eau connexes, 7 avril 2008.

Le mandat est le suivant :

- Recueillir et examiner les directives et les politiques actuellement utilisées dans la planification des impacts du changement climatique mondial sur les barrages, les réservoirs et les ressources en eau associées.

- Évaluer le rôle des barrages et des réservoirs dans l'adaptation aux effets du changement climatique mondial, et déterminer la menace que le changement climatique mondial fait peser sur les barrages et les réservoirs existants.

- Recommander des mesures visant à atténuer les effets du changement climatique mondial sur les installations de stockage d'eau ou à s'y adapter. Ces recommandations seraient élaborées à la lumière des prévisions scientifiques des changements climatiques futurs et des effets possibles de facteurs tels que l'augmentation ou la diminution des précipitations, la modification du taux d'évapotranspiration, la qualité de l'eau, l'érosion et l'envasement, la sécheresse prolongée et les inondations.

- Publier un document de position et des directives de la CIGB sur " le changement climatique et les barrages, réservoirs et ressources en eau associées ".

- Ces documents seraient utilisés par les membres de la CIGB, les gouvernements, les Nations Unies, la Banque mondiale et d'autres organisations ayant besoin de conseils en matière de protection et de développement des ressources en eau.

Au début de ses travaux, notre Comité technique a reconnu l'importance d'ajouter l'objectif suivant au bulletin :

- Fournir de l'information à jour sur le potentiel d'émissions de gaz à effet de serre associé à l'existence et au fonctionnement des réservoirs et des réseaux d'eau connexes.

Dans ce premier bulletin technique officiel de la CIGB relatif aux questions de changement climatique, les auteurs reconnaissent que certaines questions spécifiques ne sont pas encore abordées, comme la situation particulière des barrages de retenue des résidus miniers, la question de la stabilité des barrages dans les zones de pergélisol, etc.

Les questions liées à la sédimentation sont en elles-mêmes un sujet d'intérêt complet, avec un large éventail d'activités couvertes par un comité technique spécifique au sein de la CIGB. Toutefois, certaines de ces questions relatives à la gestion sédimentaire sont également abordées dans le présent document, à la section 6.5 et au chapitre 7, car la sédimentation peut jouer un rôle important dans la durabilité des barrages et des réservoirs en même temps que l'impact climatique, ou bien le changement climatique peut également exacerber la pression sédimentaire dans certains bassins.

2.   OBJECTIVE OF ICOLD BULLETIN

2.1.   TERMS OF REFERENCE

This bulletin has been developed in response to the Terms of Reference for the Committee on Global Climate Change and Dams, Reservoirs and the Associated Water Resources, April 7 2008.

The terms of reference are:

- Collect and review the guidance and policies currently used in planning for the impacts of global climate change on dams, reservoir, and the associated water resources.

- Assess the role of dams and reservoirs in adapting to the effects of global climate change, and determine the threat posed by global climate change to existing dams and reservoirs.

- Recommend measures designed to mitigate against or adapt to the effects of global change on water storage facilities. Such recommendations would be developed in light of: scientific predictions of future climate changes; possible impacts from factors such as: increased or decreased precipitation, a change in the rate of evapotranspiration, water quality, erosion, and siltation, prolonged drought, flooding.

- Publish an ICOLD position paper and guidelines for 'climate change and dams, reservoirs and the associated water resources".

- These documents would be used by the ICOLD membership, governments, the United Nations, the World Bank and other organizations in need of guidance with respect to water resource protection and development.

At the beginning of its work, our Technical Committee has recognized the importance to add the following objective to the bulletin:

- Provide up-to-date information about the potential of Green-House-Gas emissions associated to reservoirs and related water systems existence and operation.

In this first formal ICOLD technical bulletin related to climate change issues, the authors recognize that some specific issues are not yet dealt with, such as the particular situation of tailing dams, the issue of stability of dams in permafrost areas, etc.

The issues related to sedimentation are by themselves a full topic of interest, with a wide range of activity covered by a specific Technical Committee. However, some of these sediment load issues are also covered in thie present, in section 6.5 and chapter 7, as sedimentation can play a significant role in the sustainability of dams and reservoirs along with climate impact, or climate change can may also exacerbate sediment load in some basins.

2.2. ORGANISATION DES TRAVAUX

2.2.1. Contributions des membres CIGB

Le Comité sur les changements climatiques mondiaux et les barrages, réservoirs et cours d'eau associés est reconnaissant de la contribution des membres du Comité ainsi que du soutien des organisations qui les parrainent.

Membres du Comité désignés par les pays participants :

Président	
USA	Ron Lemons
Vice-Président	
France	Denis Aelbrecht
Members	
Australie	Trevor Jacobs
Autriche	Otto Pirker
Canada	Rene Roy
Chine	Guoqing Wang
Iran	Amirhasan Pakdaman
Japon	Yasuto Tachikawa
	Tomonobu Sugiura (sub 1)
	Junichi Tsutsui (sub 2)
Corée	Kyung Taek Yum
Norvège	Ingjerd Haddeland
Russie	Mikhail Bolgov
Espagne	Francisco J. Sanchez Caro
Suède	Claes-Olof Brandesten
	Kristoffer Hallberg (sub)
Royaume Uni	Martin Airey
Membres correspondants et co-optés	
Australie	David Stewart
Brésil	Noris Costa Diniz
	Fernando Campagnoli
Canada	Marco Braun
	Maud Demarty
	Diane Chaumont
France	Catherine Freissinet
	Stéphane Descloux
Iran	Ali Mohammad Hossein Nezhad
Japon	Hitosi Yoshida
	Koichi Kuwabara
Corée	Se-Woong Chung
	Ick Hwan Ko
	Young Dae Bae
Nigeria	Samuel O. Ome
Espagne	Luis Berga

2.2. WORK ORGANIZATION

2.2.1. *Contributions of ICOLD Members*

The Committee on Global Climate Change and Dams, Reservoirs and the Associated Water Resourses gratefully acknowledge the contribution of members of the Committee as well as the support by their sponsoring organizations.

Committee Members:

Chairman	
USA	Ron Lemons
Vice Chairman	
France	Denis Aelbrecht
Members	
Australia	Trevor Jacobs
Austria	Otto Pirker
Canada	Rene Roy
China/*Chine*	Guoqing Wang
Iran	Amirhasan Pakdaman
Japan	Yasuto Tachikawa
	Tomonobu Sugiura (sub 1)
	Junichi Tsutsui (sub 2)
Korea	Kyung Taek Yum
Norway	Ingjerd Haddeland
Russia	Mikhail Bolgov
Spain	Francisco J. Sanchez Caro
Sweden	Claes-Olof Brandesten
	Kristoffer Hallberg (sub)
UK	Martin Airey
Corresponding and Co-opted Members	
Australia	David Stewart
Brazil	Noris Costa Diniz
	Fernando Campagnoli
Canada	Marco Braun
	Maud Demarty
	Diane Chaumont
France	Catherine Freissinet
	Stéphane Descloux
Iran	Ali Mohammad Hossein Nezhad
Japan	Hitosi Yoshida
	Koichi Kuwabara
Korea	Se-Woong Chung
	Ick Hwan Ko
	Young Dae Bae
Nigeria	Samuel O. Ome
Spain	Luis Berga

Suède	Sten Bergström
Royaume Uni	Andy Hughes
	Bernd Eggen
USA	George Annandale
Zambia	Romas Kamanga

2.2.2. Responsables de rédaction des chapitres

Le Comité sur les changements climatiques mondiaux et les barrages, réservoirs et cours d'eau associés exprime sa reconnaissance et ses remerciements particuliers aux auteurs principaux et collaborateurs des chapitres techniques ci-après :

Chapitre 3	D. Aelbrecht	(France)
Chapitre 4	S. Bergström	(Suède)
	Ingjerd Haddeland	(Norvège),
	Claes-Olof Brandensten	(Suède)
Chapitre 5	R. Roy	(Canada)
	M. Braun	(Canada)
	D. Chaumont	(Canada)
	D. Aelbrecht	(France)
Chapitre 6	R. Lemons	(USA)
Chapitre 7	G. Annandale	(USA)
Chapitre 8	M. Demarty	(Canada)
	F. Sanchez	(Espagne)
Chapitre 9	M. Airey	(Royaume Uni)
	Trevor Jacobs	(Australie)
	D. Stewart	(Australie)
	K. Haga	(Japon)
Chapter 10	M. Airey	(Royaume Uni)
	Trevor Jacobs	(Australie)

Sweden	Sten Bergström
UK	Andy Hughes
	Bernd Eggen
USA	George Annandale
Zambia	Romas Kamanga

2.2.2. Chapters authors

The Committee on Global Climate Change and Dams, Reservoirs and the Associated Water Resourses gratefully expresses special thanks and recognition to the following leading and contributing authors of technical chapters:

Chapter 3	D. Aelbrecht	(France)
Chapter 4	S. Bergström	(Sweden)
	Ingjerd Haddeland	(Norway),
	Claes-Olof Brandensten	(Sweden)
Chapter 5	R. Roy	(Canada)
	M. Braun	(Canada)
	D. Chaumont	(Canada)
	D. Aelbrecht	(France)
Chapter 6	R. Lemons	(USA)
Chapter 7	G. Annandale	(USA)
Chapter 8	M. Demarty	(Canada)
	F. Sanchez	(Spain)
Chapter 9	M. Airey	(UK)
	Trevor Jacobs	(Australia)
	D. Stewart	(Australia)
	K. Haga	(Japan)
Chapter 10	M. Airey	(UK)
	Trevor Jacobs	(Australia)

3. QUELS SONT LES RISQUES EN JEU ?

Le climat et l'impact du changement climatique sont souvent perçus comme des menaces pour les utilisations actuelles de l'eau et les besoins en eau, mais elles sont rarement bien définies et gérées. Le présent chapitre vise à fournir un cadre aux ingénieurs et gestionnaires des ressources en eau, afin de les aider à évaluer et à définir leur exposition et leur profil de risques liés au climat.

3.1. LE RISQUE CLIMATIQUE POUR LES RESSOURCES : NÉCESSITÉ DE DÉFINIR UN SCÉNARIO DE RÉFÉRENCE ET DES INDICATEURS DE RISQUE

Étape 1 : Définir ce que sont ou ce que pourraient être les risques?

Il n'est peut-être pas inutile de rappeler certains éléments fondamentaux du concept d'analyse des risques.

Un risque induit par le climat qu'un système ou une fonction de ressources en eau donnée puisse être défaillant, implique des facteurs climatiques et non climatiques. Un tel risque résulte de la combinaison de :

- Un aléa climatique, caractérisé par une certaine probabilité d'occurrence associée à une intensité et une durée; il s'agit du facteur climatique;

- Une exposition du système d'eau à ce danger : la sensibilité du système à une action climatique; il s'agit d'un facteur non climatique;

- Les conséquences de la défaillance du système d'eau : il s'agit là encore d'un facteur non climatique.

Ainsi, la chaîne de risque peut être décrite comme suit :

Risque = Occurrence de l'aléa ⊗ Exposition du système à l'aléa ⊗ Conséquence de la défaillance du système

---

Le chapitre 4 fournira les connaissances sur la composante climatique de la chaîne de risque, provenant principalement de la communauté du GIEC (voir par exemple réf. [4.9], [5.13]). Au chapitre 5, des méthodes d'évaluation de l'impact du climat sur le système de ressources en eau seront présentées, impliquant toutes les composantes de la chaîne de risque. Le chapitre 6 développera des facteurs non climatiques (par ex. démographie et facteurs technologiques, conditions sociales et réglementaires,...) dont le changement peut affecter le niveau de risque, même sans variation du facteur climatique.

Étape 2 : Établir un scénario de référence auquel les futurs scénarios climatiques seront comparés.

Les scénarios climatiques futurs doivent être considérés par rapport aux conditions existantes. Les changements doivent être évalués par rapport à une situation de référence existante et connue. Il est donc fondamental d'établir un tel scénario de référence - ou des scénarios de référence - pour un système de ressources en eau donné, qui servira de base à laquelle les scénarios futurs possibles seront comparés.

3. WHAT IS AT RISK?

Climate and climate change impact are often seen as threats for existing water uses and water needs, but these threats are seldom well defined and handled. The present chapter aims at providing a framework to water resources engineers and managers, to help them assess and define their climate-related exposure and risks.

3.1. CLIMATE RISK FOR WATER RESOURCES: NEED TO DEFINE A BASELINE AND RISK INDICATORS

Step 1: Define what risks are or may be?

It is perhaps not useless to remind some key basics of risk analysis concept.

A climate-induced risk that a given water resources system or function may fail, involves both climatic and non-climatic factors. Such a risk is resulting from the combination of:

- a climate hazard, which is characterized by a certain probability of occurrence associated to an intensity and duration; this is the climatic driver.

- a vulnerability exposure of the water system to this hazard: how sensitive is the system to a climatic action; this is a non-climatic factor.

- and the consequences of the water system failure: this is again a non-climatic factor.

Thus, the risk chain can be described as following:

Risk = Hazard occurrence $\otimes$ System exposure to hazard $\otimes$ Consequence of system failure

Chapter 4 will provide the knowledge about the climatic component of the risk chain, mainly coming from IPCC community (see for example ref. [4.9], [5.13]). In Chapter 5, methods to assess impact of climate on water resources system will be given, involving all components of the risk chain. Chapter 6 will develop non-climatic factors (e.g. demography and technology factors, social and regulatory conditions,...) whose change can affect risk level, even without any change in the climatic driver.

Step 2: Establish a baseline to which future climate-driven scenarios will be compared.

Future climate scenarios must be considered in relation to existing conditions. Changes must be assessed against a given existing and known reference that we will define here as a *baseline*. It is then fundamental to establish such reference scenario - or scenarios - for a given water resources system, that will serve as a *baseline* to which any possible future scenarios will be compared.

Les changements dans les caractéristiques des facteurs climatiques par rapport à une base de référence peuvent consister en (a) un changement dans en valeur moyenne, (b) un changement dans la variabilité des paramètres, ou (c) les deux, comme illustré schématiquement dans la Fig. 3.1.

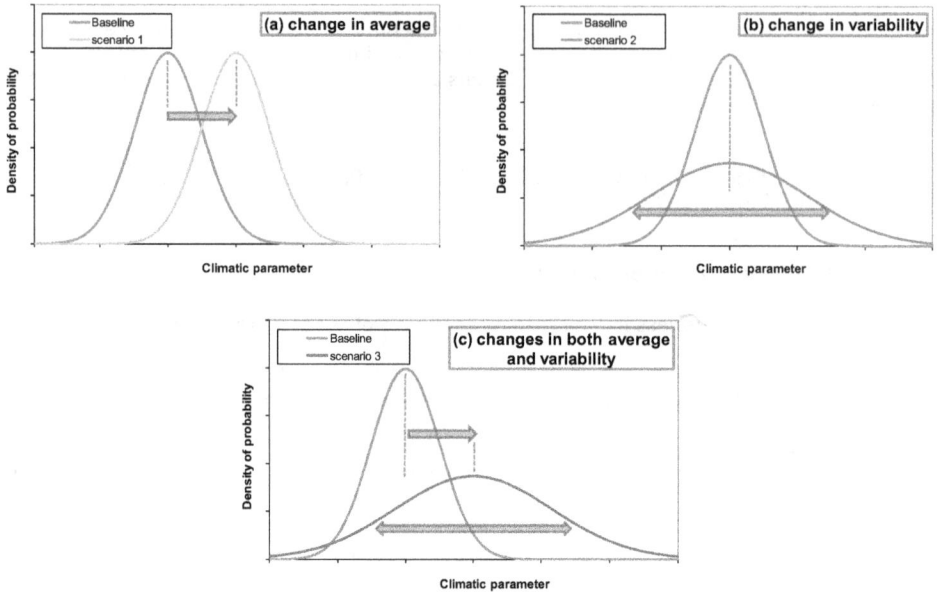

Fig. 3.1
Types de changements des paramètres climatiques par modification schématique de leur densité de probabilité : (a) changement de la moyenne, (b) changement de la variabilité, et (c) combinaison des deux

Les systèmes de ressources en eau peuvent être plus sensibles et exposés à une modification des valeurs moyennes (cas a), ou à une variation de la variabilité des facteurs climatiques qui affectent particulièrement les valeurs extrêmes (cas b), ou aux deux cas (cas c).

Les scénarios de référence peuvent être construits en établissant une moyenne des paramètres caractérisant le système de ressources en eau sur une période donnée (p. ex., une décennie) ou sur des situations historiques typiques (exemples : la sécheresse de l'année YYYY; l'inondation et les inondations connexes de l'année YYYY; etc.).

La base de référence doit également définir clairement le système de ressources en eau considéré : relations fonctionnelles entre toutes les composantes du système; limites du système; liens avec les facteurs/acteurs hors du système;...

Étape 3 : Définir les indicateurs de risque pertinents

Les indicateurs de risque doivent être définis de manière à refléter, au moyen d'une évaluation quantitative, les situations où la performance du système de ressources en eau envisagé peut devenir critique, voire devenir défaillante. Ces indicateurs doivent être associés à des seuils différents, correspondant à des niveaux d'alerte ou de criticité gradués.

Ces indicateurs doivent couvrir tous les éléments de la chaîne de risque, p. ex., les aléas, l'utilisation de la ressource en eau, et les conséquences de la défaillance. Par conséquent, la définition des indicateurs de risque ne peut pas se limiter à des paramètres d'aléa classiques comme la crue centennale, l'étiage centennal, etc.

Changes in climatic factors characteristics from a baseline may consist of (a) a shift in average values, (b) a change in the variability of the parameters, or (c) both, as schematically depicted on Fig. 3.1.

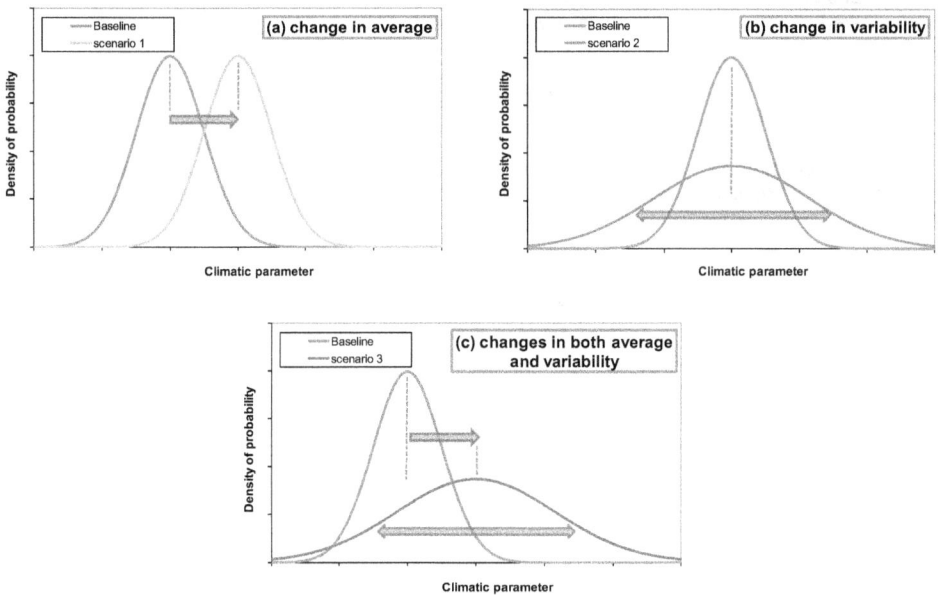

Fig. 3.1
Types of climatic parameters changes through schematic change of their density of probability: (a) shift of the average, (b) change in the variability, and (c) combination of both

Water resources systems might be more sensitive and exposed to a change in average values (case a), or a change in variability of climatic factors which especially affect extreme values (case b), or both (case c).

Reference scenario(s) can be constructed by averaging parameters characterising the water system over a given period (e.g. a decade), or on typical historical situations (examples: the drought of year YYYY; the flood and related inundations of year YYYY; etc...).

The baseline must also clearly define the water resources system under consideration: functional relationships between all components of the system; boundaries of the system; connections with factors/actors out of the system;...

Step 3: Define relevant risk indicators

Risk indicators must be defined to reflect, through quantitative assessment, situations where uses of the water resources system under consideration may become critical or may even fail. These indicators must be associated with different thresholds, corresponding to different level of alert or criticity.

These indicators must cover all components of the risk chain, e.g. hazard aspects, water use aspects, and consequences of failure. Thus, risk indicators definition cannot be restricted to classical hazard parameters like $Flood_{100\text{-}yr}$, $Drought_{100\text{-}yr}$, minimum flows, etc...

Les indicateurs de risque doivent être initialisés pour la ou les situations de référence, afin de servir de référence quantitative pour la comparaison avec les scénarios futurs.

Des exemples d'indicateurs de risque sont donnés dans les prochaines sections du bulletin, pour différents usages et besoins de la ressource en eau.

3.2. RISQUES POUR LES RESSOURCES EN EAU

Une identification des risques climatiques relatifs aux usages ou aux fonctions de l'eau est proposée dans cette section, avec une liste non exhaustive d'indicateurs possibles reflétant la nature et le niveau de risque.

- **Irrigation**

  Exemples de nature de risques : indisponibilité de l'eau dans le temps et l'espace; concurrence avec d'autres usages de l'eau; conflits d'utilisation de l'eau.

  Exemples d'indicateurs de risque :

  - Approvisionnement annuel ou saisonnier en eau, par unité d'utilisation de l'eau (m³/ha)

  - Durabilité du niveau ou du volume minimal requis du/des réservoir(s) en amont

- **Alimentation en eau potable**

  Exemples de nature des risques : indisponibilité de l'eau, au fil du temps et de l'espace, pendant des saisons précises; concurrence avec d'autres utilisations de l'eau; conflits d'utilisation de l'eau; diminution de la qualité de l'eau.

  Exemples d'indicateurs de risque :

  - Approvisionnement annuel ou saisonnier en eau, par unité d'utilisation de l'eau (m³/habitant)

  - Dépassement des critères critiques de qualité de l'eau

- **Production d'électricité**

  Au préalable, il est nécessaire de distinguer le risque d'indisponibilité de l'eau dans le temps et l'espace en fonction de la nature de la production d'électricité :

  - Hydroélectricité : l'eau est le « carburant » du process; on s'attend à ce qu'il y ait concurrence avec d'autres besoins en eau autour des réservoirs

  - Énergie thermique (combustible fossile ou nucléaire) : l'eau est utilisée pour le refroidissement (prélèvements d'eau); une petite partie de l'eau est consommée; la qualité de l'eau peut être affectée (température,...)

  Il est également important de noter que le risque d'indisponibilité de l'eau pour la production d'électricité peut couvrir :

  - Une indisponibilité physique : l'eau n'est pas physiquement disponible;

  - Une Indisponibilité réglementaire : l'eau est là, mais il est interdit de l'utiliser en raison des exigences réglementaires (p. ex., restriction de prélèvement d'eau pour respecter les contraintes de rejets thermiques dans les rivières)

Risk indicators have to be initialized for the baseline situation(s), to serve as quantitative baseline for comparison with future scenarios.

Examples of risk indicators are given in next sub-sections, for different nature of water uses and needs under consideration.

3.2. RISKS FOR WATER RESOURCES

A water use-based or function-based classification of climate risks is proposed in this section, with a non-exhaustive list of possible indicators reflecting the nature and level of risk.

- **Irrigation**

    Examples of nature of risks: water unavailability, over time and space; competition with other water uses; water usage conflicts.

    Examples of risk indicators:

    - yearly or seasonal supply of water, per unit of water use (m^3/ha)

    - sustainability of minimum upstream reservoir level or volume

- **Water supply**

    Examples of nature of risks: water unavailability, over time and space, during specific seasons; competition with other water uses; water usage conflicts; water quality decrease

    Examples of risk indicators:

    - Yearly or seasonal supply of water, per unit of water use (m^3/capita)

    - Exceedance of critical water quality criteria

- **Power generation**

    Beforehand, it is necessary to distinguish risk of water unavailability over time and space depending on nature of power generation:

    - Hydropower: water is the "fuel" of the process; competition is expected with other water needs around reservoirs

    - Thermal power (fossil-fired or nuclear): water is used for cooling (water withdrawals); a small part of water is consumed; water quality may be affected (temperature,...)

It is also important to identify that risk of water unavailability for power generation can cover:

- A physical unavailability: water is not physically available.

- A regulatory unavailability: water is there but it is not permitted to use it due to regulatory requirements (ex. water withdrawal restriction to comply with thermal release constraints in rivers).

Exemples de nature des risques : indisponibilité physique ou réglementaire de l'eau au fil du temps et de l'espace; concurrence avec d'autres usages de l'eau; conflits d'utilisation de l'eau; perte de refroidissement pour la production ou même la sûreté (énergie nucléaire).

Exemples d'indicateurs de risque :

- Perte de production d'hydroélectricité annuelle ou saisonnière

- Perte de production d'électricité thermique annuelle ou saisonnière

- Dépassement (par valeurs inférieures) des seuils des niveaux de réservoir

- **Autres besoins de l'industrie**

  D'autres industries comme la production de pâte à papier, la production de pétrole et de gaz, la production d'acier et d'aluminium, le traitement chimique,... comptent sur une consommation d'eau plus ou moins importante. Leurs activités pourraient être touchées par un manque de disponibilité physique ou réglementaire de l'eau. La nature des risques et des indicateurs est donc plus ou moins identique à celles identifiées pour les besoins de production d'électricité.

- **Gestion des crues**

  Exemples de nature des risques : augmentation de l'intensité et de la fréquence des crues : insuffisance des capacités de gestion des crues (volumes des réservoirs, capacités des évacuateurs de crue); variation de la saisonnalité des événements extrêmes

  Exemples d'indicateurs de risque :

  - Probabilité de dépassement des niveaux critiques de sûreté du réservoir

  - Perte de protection contre les inondations dans les zones aval de réservoirs dotés d'une fonction d'écrêtement des crues – ce qui peut également être aggravé par une augmentation combinée des vulnérabilités dans ces zones (urbanisation)

- **Fonctions et besoins environnementaux**

  Les utilisations et les besoins en eau pour la protection ou l'amélioration des écosystèmes aquatiques, pour le contrôle ou l'amélioration de la qualité de l'eau, peuvent être remis en question en raison des changements climatiques.

  En raison de la complexité de la question, il est également important de mentionner ici qu'un grand nombre de facteurs non climatiques peuvent affecter directement ou indirectement les fonctions environnementales (p. ex., la pollution).

  Exemples de nature des risques :

  - Insuffisance en eau, dans le temps et dans l'espace (conditions minimales d'écoulement)

  - Changement de la qualité de l'eau (température, pH, concentrations en azote et phosphore,...)

  - Concurrence avec d'autres utilisations de l'eau; conflits d'utilisation de l'eau

  - Changements morphologiques et perturbation des habitats

Exemples d'indicateurs de risque :

- Indicateurs hydro-morphologiques

- Indicateurs biologiques (structures des populations de poissons, biodiversité,...)

Examples of nature of risks: physical or regulatory unavailability of water, over time and space; competition with other water uses; water usage conflicts; loss of cooling for generation or even safety (nuclear power)

Examples of risk indicators:

- Loss of yearly or seasonal hydropower generation

- Loss of yearly or seasonal thermal-power generation

- Exceedance (by lower values) of reservoir levels thresholds

- **Other industry needs**

    Other industries like pulp production, oil and gas production, steel and aluminium production, chemical treatment,... rely on more or less significant amount of water use and/or consumption. Their activities might be affected by a lack of physical or regulatory availability of water. Nature of risks and indicators are thus more or less identical to those identified for power generation needs.

- **Flood control**

    Examples of nature of risks: Increase of flood intensity and frequency: inadequacy of existing flood control capacities (reservoir volumes, spillway capacities); variation of seasonality of extreme events.

    Examples of risk indicators:

    - Probability that critical reservoir safety levels might be exceeded.

    - Loss of protection in areas downstream reservoirs with a flood control function – which can also result as a combined increase of vulnerabilities within these areas (urbanization development).

- **Environmental functions and needs**

    Water uses and needs for aquatic ecosystems protection or improvement, for water quality control or improvement, may be challenged under climate change.

    Due to the complexity of the question, it is also important here to mention that a large number of non-climatic factors can affect environmental functions, directly or indirectly (ex. pollution).

    Examples of nature of risks:

    - water unavailability, over time and space (minimum flows conditions)

    - water quality change (temperature, pH, N and P concentrations,...)

    - competition with other water uses; water usage conflicts

    - morphological changes and perturbation of habitats

Examples of risk indicators:

- hydro-morphological indicators

- biological indicators (fish population structures, biodiversity,...)

- **Navigation fluviale**

Pour la navigation fluviale, les conséquences du changement climatique observé et attendu peuvent être une question d'existence fondamentale ou de survie. Déjà aujourd'hui, les utilisateurs commerciaux des voies navigables intérieures demandent des prévisions sûres du nombre de jours par an pendant lesquels les voies navigables peuvent être utilisées sans restriction. Ces questions découlent de l'expérience récente des années où les niveaux d'eau étaient extrêmement bas ou à l'inverse élevés. Pour les industries utilisant la navigation comme principal mode de transport de leurs marchandises, il s'agit d'une question fondamentale pour la pérennité de leurs installations de production (PIANC, 2007).

Exemples de la nature des risques :

- Diminution ou augmentation des apports dans les tronçons navigables, selon l'état du bassin versant;

- Les changements de morphologie et de taux d'envasement des voies navigables.

Exemples d'indicateurs de risques :

- Fréquence du dragage pour garantir le dégagement du navire;

- Indisponibilité ou intermittence de l'utilisation des cours d'eau en raison de l'absence ou de la variabilité des entrées.

3.3. RISQUES POUR LES STRUCTURES DE GÉNIE-CIVIL

Bien qu'ils soient susceptibles de jouer un rôle secondaire par rapport aux effets sur les ressources en eau elles-mêmes, une attention particulière peut être accordée à la réponse à long terme des structures du génie civil aux changements des charges climatiques (notamment effets thermiques), tant dans une perspective de tendance moyenne que dans des conditions extrêmes.

Exemples de nature des risques :

- Effets des changements de température moyenne air/eau ou extrêmes sur le comportement structurel des barrages et des structures annexes (structures en béton, structures géotechniques, fissuration due à la sécheresse des sols, étanchéité et performances des systèmes de drainage,...);

- Évolution des crues extrêmes remettant en cause le dimensionnement des évacuateurs de crue;

- Augmentation des phénomènes de glissement de terrain dans les réservoirs;

- Impacts des débris flottants charriés pendant les crues sur les barrages et les structures (vannes);

- Variabilité du niveau du réservoir préjudiciable au comportement structurel des barrages.

Exemples d'indicateurs de risques :

- Changements dans les régimes de précipitations et de débits;

- Évolution des paramètres d'auscultation relatifs à la sécurité des barrages (déplacements, contraintes, fissures, fuites,...).

- **Inland navigation**

  For inland navigation, the consequences of the observed and expected climate change can be a question of fundamental existence or survival. Already today commercial users of the inland waterways are asking for safe predictions of how many days a year the waterways can be used without restrictions. These questions result of the recent experiences of years with increased extreme low and high-water levels. For the plans of those industries using navigation as the primary mode of transportation for their goods, it is a fundamental question for the future location of their production facilities (PIANC, 2007).

  Example of nature of risks:

- decrease or increase of inflows in the navigable reaches, depending of watershed conditions.

- changes of navigable reaches morphology and siltation rates.

Examples of risk indicators:

- Frequency of dredging to guarantee ship clearance.

- Unavailability or intermittency of waterways use due to lack or variability of inflows.

3.3. RISKS FOR CIVIL-ENGINEERING STRUCTURES

Albeit possibly playing at a second order of concern compared to effects on water resources themselves, attention may be paid to long term behavorial response of civil-engineering structures to changes in climatic loading, both on an average trend perspective, and also in extreme conditions.

Examples of nature of risks:

- Effects of air/water average or extreme temperature changes on structural behaviour of dams and appurtenant structures (concrete structures, geotechnical structures, tightness and drainage systems performance,...).

- Design flood changes.

- Landslide in reservoirs occurrence changes.

- Impacts of debris yielded with floods on dams and structures (gates).

- Variability of reservoir level change that may affect structural behaviour of dams.

Examples of risk indicators:

- Changes in precipitation and flow regimes in the catchment area.

- Evolution in and long-term prediction of dam safety monitoring parameters (displacements, stresses, cracking, leakages,...).

3.4. RISQUES OU OPPORTUNITÉS ?

La variabilité ou le changement climatique est non seulement une source potentielle de risques, mais peut également créer de nouvelles opportunités pour de nouveaux dispositifs ou nouveaux modes de fonctionnement permettant de renforcer la résilience des systèmes de ressources en eau. Des systèmes supplémentaires ou modifiés peuvent être nécessaires pour corriger une carence des fonctions existantes des systèmes de ressources en eau, mais peuvent également constituer une alternative aux autres options industrielles.

Exemples :

- De nouveaux réservoirs et de nouvelles capacités de stockage pour soutenir l'augmentation de la demande en eau potable dans les zones côtières, comme alternative aux technologies de dessalement.

- De nouvelles installations de stockage par pompage (STEP) pour accompagner le développement des énergies intermittentes (solaire, éolienne), promues pour compenser et réduire les émissions de GES provenant des centrales à énergie fossile.

- Etc.

Ces questions seront abordées au chapitre 7.

3.4.   RISKS OR OPPORTUNITIES?

Climate variability or change is not only a potential source of risks but can also create new opportunities for new water resources systems. Additional or modified systems can be necessary to correct a deficiency of existing water resources systems functions but can also stand as an alternative to other industrial options.

Examples:

- New reservoirs and storage capacities for sustaining water supply demand increase in coastal areas, as an alternative to desalination technologies.

- New pumped storage facilities coupled with large amount of intermittent power technologies (solar, wind), developed to counter GHG emissions from fossil-fired power units.

- Etc.

These issues will be addressed in chapter 7.

4. L'ÉVOLUTION DU CLIMAT : ÉLÉMENTS FACTUELS ET INCERTITUDES

4.1. CONTEXTE

Il y a peu de doute qu'un changement climatique aura un impact profond sur la distribution et la disponibilité des ressources en eau tant en ce qui concerne les conditions moyennes que leur variabilité. Par conséquent, la perspective du changement climatique est devenue une question clé pour l'exploitation des barrages et des réservoirs, ainsi que leur sécurité vis-à-vis des tiers.

Dans son 5ème rapport d'évaluation de 2013, le Groupe d'experts intergouvernemental sur l'évolution du climat (GIEC) s'est déclaré très préoccupé par les risques associés au réchauffement climatique dû aux émissions de gaz à effet de serre dans l'atmosphère. Dans le rapport du Groupe I du GIEC sur la physique du climat (GIEC, 2013), il est fait mention pour ce qui concerne les observations :

"Le réchauffement du système climatique est sans équivoque, et depuis les années 1950, beaucoup des changements observés sont sans précédent sur des décennies à des millénaires. L'atmosphère et l'océan se sont réchauffés, les quantités de neige et de glace ont diminué, le niveau de la mer a augmenté et les concentrations de gaz à effet de serre ont augmenté ".

Et plus loin :

"L'influence humaine sur le système climatique est claire. Cela est clairement dû aux concentrations croissantes de gaz à effet de serre dans l'atmosphère, au forçage radiatif positif." - voir *Figure 4-1 du GIEC (2007) illustrant les preuves de l'activité anthropique sur le changement de la température moyenne mondiale.*

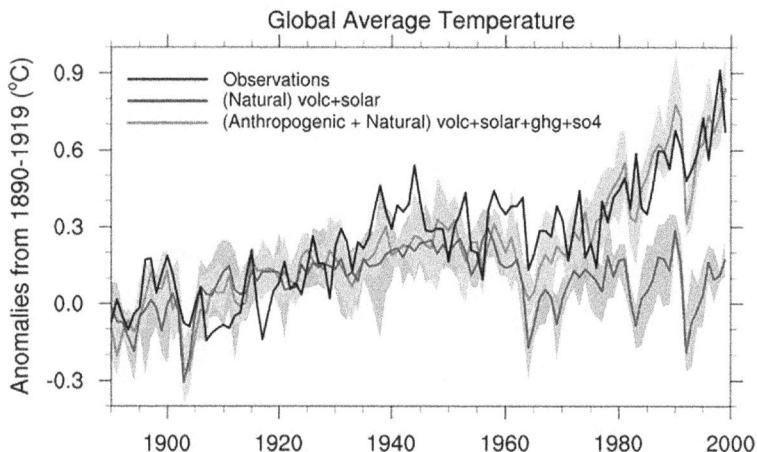

Fig. 4.1
Mise en évidence de l'impact de l'activité anthropique sur le changement de la température moyenne mondiale (du GIEC 2007-4ème évaluation)

4.   CLIMATE EVOLUTION: FACTS, UNCERTAINTIES

4.1.   BACKGROUND

There is little doubt that a changing climate will have profound impact on the distribution and availability of water resources both as concerns average conditions and its variability. Therefore, the prospect of climate change has become a key issue for the dams & reservoirs operation and safety community.

In its 5th assessment report from 2013 the Intergovernmental Panel on Climate Change (IPCC) expressed great concern about the risks for global warming due to increasing emissions of greenhouse gases into the atmosphere. In the report on The Physical Science Basis (IPCC, 2013) the following statements concerning observations can be found:

"Warming of the climate system is unequivocal, and since the 1950s, many of the observed changes are unprecedented over decades to millennia. The atmosphere and ocean have warmed, the amounts of snow and ice have diminished, sea level has risen, and the concentrations of greenhouse gases have increased".

And further on:

"Human influence on the climate system is clear. This is evident from the increasing greenhouse gas concentrations in the atmosphere, positive radiative forcing, observed warming, and understanding of the climate system." – see Figure 4-1 *from IPCC (2007) which illustrates the evidence of anthropogenic activity on global average temperature change.*

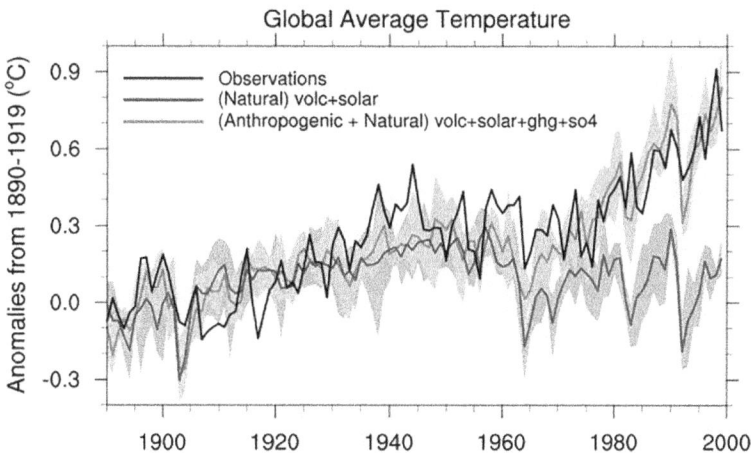

Fig. 4.1
Evidence of anthropogenic activity on global average temperature change
(from IPCC 2007 – 4th assessment)

En 2008, le GIEC a lancé son document technique sur les changements climatiques et l'eau (GIEC, 2008) et en 2011, le Rapport spécial sur les sources d'énergies renouvelables et l'atténuation des changements climatiques a été publié (GIEC, 2011). En 2012, le Rapport spécial sur la gestion des risques d'événements extrêmes et des catastrophes pour promouvoir l'adaptation aux changements climatiques a été publié (GIEC, 2012). Tous ces rapports expriment des préoccupations concernant les impacts du changement climatique sur le cycle hydrologique et les ressources en eau disponibles.

Les communautés scientifiques et techniques des secteurs de l'agriculture et des ressources en eau ont récemment conjugué leurs efforts pour fournir des projections mondiales de l'impact climatique fondées sur un ensemble de modèles d'impact (Hagemann et al., 2013, Rosenzweig et al., 2014, Warszawski et al., 2014).

4.2. LE RÔLE DE LA MODÉLISATION CLIMATIQUE

Les simulations par les modèles climatiques sont devenues l'outil essentiel pour l'analyse de notre climat futur et de ses impacts. Les modèles de circulation générale (MCG/GCM) donnent une image à grande échelle, et diverses techniques de descente d'échelle donnent un niveau de détail plus important pour une région ou un bassin spécifique. Les modèles climatiques sont influencés par le forçage radiatif naturel et les hypothèses sur les futures émissions de gaz à effet de serre et d'aérosols, appelés scénarios d'émissions. Jusqu'à présent, la plupart des études sont basées sur des scénarios d'émissions tirés des scénarios du GIEC, tels que décrits par Nakićenović et al. (2000), mais ils sont maintenant remplacés par une nouvelle famille de scénarios, les « trajectoires de concentration représentatives » (Moss, et al., 2010). Ces derniers scénarios sont utilisés par le GIEC dans son cinquième rapport d'évaluation publié en 2013.

La modélisation du climat s'est développée rapidement. Des projections climatiques globales complètes ont été réalisées dans le cadre de la phase 5 du projet d'inter-comparaison de modèles couplés (CMIP5, Taylor et al., 2012), qui fournit un protocole expérimental standard pour l'étude des modèles de circulation couplés atmosphère-océan. Le projet international CORDEX produit un ensemble de multiples modèles dynamiques et statistiques de descente d'échelle prenant en compte plusieurs MCG/GCM de forçage provenant des archives CMIP5, et par exemple pour l'Europe, le projet a fourni des données pour des études d'impact régionales disponibles dans Jacob et al. (2013). L'accès à des ensembles de scénarios climatiques régionaux a ouvert la possibilité de réaliser des études d'impact et d'adaptation régionales et même locales plus détaillées et permis de prendre en compte les incertitudes des projections de manière plus approfondie.

4.3. TEMPÉRATURES DE L'AIR

Une grande partie du débat sur le changement climatique concerne les températures de l'air, même si les impacts sur l'exploitation et la sécurité des barrages sont aussi fortement liés aux précipitations et aux évolutions dans les ressources en eau disponibles. Les températures de l'air sont, cependant, un indicateur physique essentiel, et le paramètre variable le plus couramment utilisé pour décrire le changement climatique. Les observations des températures de l'air sont abondantes, même s'il y a des pièges. L'homogénéité de l'observation est affectée par les techniques de mesure et les conditions locales, telles que l'urbanisation, et la qualité des documents plus anciens peut souvent être remise en question. Par conséquent, de gros efforts ont été consacrés au contrôle qualité des données dans les processus d'analyse du GIEC.

La pertinence et la qualité des modèles climatiques sont normalement évaluées par la façon dont ils retranscrivent l'historique de la température du climat. Les températures sont également plus faciles à modéliser (par rapport aux précipitations), et les différents modèles climatiques apparaissent plus cohérents pour les changements dans les températures de l'air que pour les précipitations.

In 2008 IPCC launched its Technical Paper on Climate Change and Water (IPCC, 2008) and in 2011 the Special Report on Renewable Energy Sources and Climate Change Mitigation appeared (IPCC, 2011). In 2012 the Special Report on Managing the Risks of Extreme Events and Disasters to Advance Climate Change Adaptation was published (IPCC, 2012). All these reports express concerns about the impacts of climate change on the hydrological cycle and available water resources.

Also, the climate impact community, e.g. the agriculture and water resources sectors, have recently joint efforts in order to provide global climate impact projections based on an ensemble of impact models (Hagemann et al., 2013; Rosenzweig et al., 2014; Warszawski et al., 2014).

4.2. THE ROLE OF CLIMATE MODELLING

Simulations by climate models have become the most important tool for analysis of our future climate and its impacts. General Circulation Models (GCMs) give a broader picture while various techniques for downscaling give more details for a specific region or catchment. The climate models are driven by radiative forcing from space and assumptions about future emissions of green-house gases and aerosols, so called emissions scenarios. So far, most studies are based on emissions scenarios from the IPCC storylines as described in Nakićenović et al. (2000), but they are now being replaced by a new family of scenarios, the so-called Representative Concentration Pathways (Moss, et al., 2010). These latter scenarios are used by IPCC in its fifth assessment report published in 2013.

Climate modelling has developed rapidly. Comprehensive global climate projections have been carried out in the framework of Coupled Model Intercomparison Project phase 5 (CMIP5, Taylor et al., 2012), which provides a standard experimental protocol for studying the output of coupled atmosphere-ocean general circulation models. The international CORDEX project produces an ensemble of multiple dynamical and statistical downscaling models considering multiple forcing GCMs from the CMIP5 archive, and e.g for Europe the project has delivered data for regional impact studies (Jacob et al., 2013). The access to sets of several regional climate scenarios has opened the possibility to make more detailed regional and even local impact and adaptation studies and to look at the uncertainty in more depth.

4.3. AIR TEMPERATURES

Much of the debate on climate change has focused on air temperatures, even though the most obvious impacts on dam operations and safety are related to precipitation and changes in available water resources. Air temperatures are, however, a logical and physical indicator and the most commonly used variable when describing climate change. Observations of air temperatures are abundant, but there are pitfalls. Observational homogeneity is affected by measuring techniques and local conditions, such as urbanisation, and the quality of older records can often be questioned. Therefore, great efforts have been spend on quality control and assurance in the IPCC process.

The climate models are normally judged by the way they describe the historical temperature climate. Temperatures are also easier to model compared to precipitation and the different climate models therefore show a more consistent pattern for changes in air temperatures than for precipitation.

4.3.1. Observations des tendances de température

Les observations et les reconstructions des températures globales révèlent un réchauffement prononcé récent sur la période des 150 dernières années. Selon le GIEC (2013) « Les données combinées mondiales de température de surface des terres et des océans calculées par une tendance linéaire montrent un réchauffement de 0,85 [0,65 à 1,06] ° C, sur la période 1880-2012, lorsque de multiples ensembles de données produites indépendamment existent. L'augmentation totale entre la moyenne de la période 1850-1900 et la période 2003-2012 est de 0,78 [0,72 à 0,85] ° C, sur la base du seul jeu de données le plus long disponible ».

Notez toutefois que la température de l'air n'a pas beaucoup augmenté au cours des 15 dernières années (1998–2012) et que ce hiatus de réchauffement est peut-être lié à la variabilité naturelle du climat affectant l'absorption de chaleur par les océans (Meehl et al., 2011).

Selon le GIEC (2012), il y a une évidence de changement de certains extrêmes qui ressort des observations recueillies depuis 1950. Le rapport indique qu'il est *très probable*[1] (very likely) qu'il y ait eu une diminution globale du nombre de jours et de nuits froids et une augmentation globale du nombre de jours et de nuits chauds à l'échelle mondiale, c'est-à-dire pour la plupart des zones avec des données suffisantes. Il est *probable* (likely) que ces changements se sont également produits à l'échelle continentale en Amérique du Nord, en Europe et en Australie. Il y a une *probabilité moyenne* (medium confidence) dans l'évaluation d'une tendance à l'augmentation des températures extrêmes quotidiennes dans une grande partie de l'Asie. La confiance dans la probabilité des tendances observées des températures extrêmes quotidiennes en Afrique et en Amérique du Sud varie généralement de *faible* à *moyenne* selon la région. Dans de nombreuses régions du monde disposant de suffisamment de données, il est à peu près certain que la durée ou le nombre de vagues de chaleur ou de chaleur a augmenté.

4.3.2. Scénarios de température future

En ce qui concerne les températures futures, le GIEC (2013) délivre entre autres le message clé suivant :

"Le changement de la température de surface globale pour la fin du 21ème siècle devrait dépasser 1,5°C par rapport à 1850 à 1900 pour tous les scénarios RCP sauf RCP2.6. Il est susceptible de dépasser 2°C pour RCP6.0 et RCP8.5, et ne pas dépasser 2° C pour RCP4.5. Le réchauffement se poursuivra au-delà de 2100 dans tous les scénarios RCP sauf RCP2.6. Le réchauffement continuera à présenter une variabilité interannuelle à décennale et ne sera pas uniformisé au niveau régional".

Et plus loin :

"Il est pratiquement certain qu'il y aura plus de températures chaudes et moins de températures froides extrêmes sur la plupart des zones terrestres aux échelles de temps journalières et saisonnières du fait que les températures moyennes mondiales augmentent. Il est très probable que les vagues de chaleur se produisent avec une fréquence et une durée plus élevée. Des hivers extrêmement froids continueront à se produire occasionnellement".

4.4. PRÉCIPITATIONS

Comme pour les températures de l'air, il existe de nombreux biais potentiels dans les mesures de précipitation, qui doivent être évités pour la recherche de tendances homogènes. Encore une fois, les techniques de mesure et les conditions locales jouent un rôle essentiel, et les enregistrements plus anciens sont généralement moins fiables que les plus récents. Les contrôles initiaux rigoureux de l'homogénéité sont donc de la plus haute importance dans toute analyse de tendance liée aux précipitations.

---

1 La terminologie GIEC est utilisée ici à dessein pour qualifier les tendances de l'évolution du climat. Voir réf. [4.10] et le glossaire de la GIEC mentionné au chapitre 13 pour une explication de cette terminologie.

4.3.1. Observations of trends in temperatures

Observations and reconstructions of global temperatures reveal a pronounced warming during the past 150 years. According to IPCC (2013) "The globally averaged combined land and ocean surface temperature data as calculated by a linear trend, show a warming of 0.85 [0.65 to 1.06] °C, over the period 1880–2012, when multiple independently produced datasets exist. The total increase between the average of the 1850–1900 period and the 2003–2012 period is 0.78 [0.72 to 0.85] °C, based on the single longest dataset available".

Notice, however, that the global air temperature has not increased much during the last 15 years (1998–2012), and that this warming hiatus is possibly related to natural climate variability affecting ocean heat uptake (Meehl et al., 2011).

According to IPCC (2012), there is evidence from observations gathered since 1950 of change in some extremes. The report says that it is *very likely* [1]that there has been an overall decrease in the number of cold days and nights, and an overall increase in the number of warm days and nights on the global scale, i.e., for most land areas with sufficient data. It is *likely* that these changes have also occurred at the continental scale in North America, Europe, and Australia. There is *medium confidence* of a warming trend in daily temperature extremes in much of Asia. Confidence in observed trends in daily temperature extremes in Africa and South America generally varies from *low* to *medium* depending on the region. In many regions over the globe with sufficient data there is *medium confidence* that the length or number of warm spells, or heat waves, has increased.

4.3.2. Scenarios of future temperatures

Regarding future temperatures IPCC (2013) delivers the following key message among others:

"Global surface temperature change for the end of the 21st century is likely to exceed 1.5°C relative to 1850 to 1900 for all RCP scenarios except RCP2.6. It is likely to exceed 2°C for RCP6.0 and RCP8.5, and more likely than not to exceed 2°C for RCP4.5. Warming will continue beyond 2100 under all RCP scenarios except RCP2.6. Warming will continue to exhibit interannual-to-decadal variability and will not be regionally uniform."

And further on:

"It is virtually certain that there will be more frequent hot and fewer cold temperature extremes over most land areas on daily and seasonal timescales as global mean temperatures increase. It is very likely that heat waves will occur with a higher frequency and duration. Occasional cold winter extremes will continue to occur".

4.4. PRECIPITATION

As for air temperatures there are many pitfalls in precipitation records, which have to be avoided in the search for trends. Again, measuring techniques and local conditions play a role and older records are generally less reliable that more recent ones. Initial rigorous homogeneity controls is therefore of utmost importance in any trend analysis related to precipitation.

---

1 IPCC terminology is used here on purpose for qualifying climate evolution trends. See ref. [4.10] and IPCC glossary referred to in Chapter 13 for explanations on this terminology

La modélisation des précipitations par les modèles climatiques est une tâche plus difficile que la modélisation des températures de l'air et les différents modèles montrent donc une plus grande dispersion. La modélisation des précipitations extrêmes à une échelle de bassin relativement petite est une tâche encore plus difficile. Cela soutient la recommandation de considérer des ensembles de scénarios/modèles climatiques pour la réalisation des études d'impact du changement climatique.

4.4.1. Observations des tendances sur les précipitations

Selon le GIEC (2013) « La *confiance* dans le changement des précipitations moyennes sur les terres mondiales depuis 1901 est *faible* avant 1951, et *moyenne* après. En moyenne sur les terres des latitudes médianes de l'hémisphère nord, les précipitations ont augmenté depuis 1901 (*confiance moyenne* avant, et *confiance élevée* après 1951). Pour les autres latitudes, les tendances positives ou négatives à long terme moyennées dans la zone ont une *faible confiance*."

En ce qui concerne les fortes précipitations, le GIEC (2013) déclare qu'« il y a probablement plus de régions terrestres où le nombre d'épisodes de fortes précipitations a augmenté que là où il a diminué. La fréquence ou l'intensité des fortes précipitations a *probablement* augmenté en Amérique du Nord et en Europe. Dans d'autres continents, la confiance dans les changements dans les fortes précipitations est au plus *moyenne* ».

En ce qui concerne les cyclones tropicaux qui causent des pluies torrentielles pouvant affecter la conception et l'exploitation des barrages ainsi que la gestion des ressources en eau dans certaines régions, la détection robuste des tendances est fortement limitée par l'hétérogénéité des données et la quantification insuffisante de la variabilité (Kunkel et al. 2013).

4.4.2. Scenarios des précipitations futures

Concernant l'évolution du cycle de l'eau à l'échelle mondiale, le GIEC (2013) stipule que :

"Les changements dans le cycle global de l'eau en réponse au réchauffement au cours du 21ème siècle ne seront pas uniformes. Le contraste des précipitations entre les régions humides et sèches et entre les saisons humides et sèches augmentera, bien qu'il puisse y avoir des exceptions régionales".

Plus en détail, le GIEC (2013) spécifie les impacts du changement climatique sur le cycle de l'eau comme suit :

- *« Les changements prévus dans le cycle de l'eau au cours des prochaines décennies montrent des tendances à grandes échelles similaires à celles de la fin du siècle, mais de moindre ampleur. Les changements à court terme et à l'échelle régionale seront fortement influencés par la variabilité naturelle et pourraient être affectés par les émissions anthropiques d'aérosols ».*

- *Les hautes latitudes et l'océan Pacifique équatorial connaîtront probablement une augmentation des précipitations moyennes annuelles d'ici la fin de ce siècle dans le scénario RCP8.5. Dans de nombreuses régions sèches des latitudes moyennes et subtropicales, les précipitations moyennes diminueront vraisemblablement, tandis que dans de nombreuses régions humides des latitudes moyennes, les précipitations moyennes augmenteront probablement d'ici la fin de ce siècle dans le scénario RCP8.5.*

- *Les événements de précipitations extrêmes sur la plupart des terres des latitudes moyennes et sur les régions tropicales humides deviendront très probablement plus intenses et plus fréquents d'ici la fin de ce siècle, à mesure que la température moyenne à la surface du globe augmentera.*

Modelling precipitation by climate models is a more difficult task than to model air temperatures and the different models therefore show a greater span in the results. Modelling extreme precipitation on a relatively small catchment scale is a still more difficult task. This supports the use of ensembles of climate models in climate change impact studies related to precipitation and water resources.

4.4.1. Observations of trends in precipitation

According to IPCC (2013) "*Confidence* in precipitation change averaged over global land areas since 1901 is *low* prior to 1951 and *medium* afterwards. Averaged over the mid-latitude land areas of the Northern Hemisphere, precipitation has increased since 1901 (*medium confidence* before and *high confidence* after 1951). For other latitudes area-averaged long-term positive or negative trends have *low confidence.*"

Concerning heavy precipitation IPCC (2013) states that "There are *likely* more land regions where the number of heavy precipitation events has increased than where it has decreased. The frequency or intensity of heavy precipitation events has *likely* increased in North America and Europe. In other continents, confidence in changes in heavy precipitation events is at most *medium.*"

Regarding tropical cyclones, which cause torrential rains affecting the design and operation of dams as well as water resource management in specific regions, robust detection of trends is significantly constrained by data heterogeneity and deficient quantification of internal variability (Kunkel et al., 2013).

4.4.2. Scenarios of future precipitation

Concerning the future global water cycle development IPCC (2013) states that:

"*Changes in the global water cycle in response to the warming over the 21st century will not be uniform. The contrast in precipitation between wet and dry regions and between wet and dry seasons will increase, although there may be regional exceptions.*"

In more detail IPCC (2013) specifies the impacts of climate change on the water cycle as follows:

- "*Projected changes in the water cycle over the next few decades show similar large-scale patterns to those towards the end of the century, but with smaller magnitude. Changes in the near-term, and at the regional scale will be strongly influenced by natural internal variability and may be affected by anthropogenic aerosol emissions*".

- *The high latitudes and the equatorial Pacific Ocean are likely to experience an increase in annual mean precipitation by the end of this century under the RCP8.5 scenario. In many mid-latitude and subtropical dry regions, mean precipitation will likely decrease, while in many mid-latitude wet regions, mean precipitation will likely increase by the end of this century under the RCP8.5 scenario.*

- *Extreme precipitation events over most of the mid-latitude land masses and over wet tropical regions will very likely become more intense and more frequent by the end of this century, as global mean surface temperature increases.*

- *À l'échelle mondiale, il est probable que la superficie des zones soumises aux moussons augmentera au cours du XXIe siècle. Alors que les vents de mousson vont probablement s'affaiblir, les précipitations de mousson vont probablement s'intensifier en raison de l'augmentation de l'humidité atmosphérique. Les dates de début de la mousson sont susceptibles de devenir plus précoces ou de ne pas beaucoup changer. Les dates de fin de la mousson seront probablement retardées, entraînant un allongement de la saison de la mousson dans de nombreuses régions.*

- *Il y a une grande confiance sur le fait que l'oscillation australe El Niño (ENSO) restera le facteur dominant de variabilité interannuelle dans le Pacifique tropical, avec des effets globaux au 21ème siècle. En raison de l'augmentation de l'humidité, la variabilité des précipitations liées à l'ENSO à l'échelle régionale va probablement s'intensifier. Les variations naturelles de l'amplitude et du profil spatial de l'ENSO sont importantes et la confiance dans tout changement projeté spécifique de l'ENSO et des phénomènes régionaux connexes pour le 21ème siècle reste donc faible."*

Kunkel et al. (2013) ont analysé les dernières simulations climatiques concernant les précipitations maximales probables (PMP) et ont montré que la PMP augmenterait à l'avenir en raison des niveaux d'humidité atmosphérique plus élevés et des niveaux de transport d'humidité plus élevés lors les tempêtes. L'augmentation de la teneur en humidité atmosphérique est cohérente avec les changements de température selon la relation de Clausius-Clapeyron, qui est le modèle de référence reliant la pression d'une substance (vapeur d'eau dans ce cas) à la température dans un système où les deux phases de la substance sont en équilibre.

Dans certaines régions, les climatologues ont même mis en évidence que les quantités de précipitations dans les événements fortement convectifs peuvent être encore plus sensibles à la température que ne le laisserait supposer la relation Clausius-Clapeyron - voir Lenderik et al. (2009) pour un exemple en mer du Nord.

4.5. RESSOURCES EN EAU MONDIALES : DÉBITS ET RÉSERVES

Les observations des écoulements fluviaux et d'autres variables liées aux ressources en eau sont organisées différemment dans le monde. La plupart des pays ont des services hydrologiques nationaux, parfois dans le cadre de leur service hydrométéorologique. Mais il y a aussi des données collectées par des secteurs de l'industrie comme l'hydroélectricité et les entreprises opérant dans l'approvisionnement en eau potable. À l'échelle mondiale, il existe quelques centres de données centralisés, comme le Centre allemand de données hydrologiques, où l'on peut trouver des ensembles de données hydrologiques de haute qualité. Comme pour les problèmes d'homogénéité des mesures de températures de l'air et des précipitations, il convient de les prendre en compte dans toute analyse des tendances des écoulements des rivières. Ceci est un problème encore plus important pour les données d'écoulement des rivières car celles-ci sont perturbées par les usages de la ressource dans les bassins versants, que ce soit la régulation des rivières et les prélèvements pour l'irrigation et l'approvisionnement en eau potable.

4.5.1. Observations des tendances dans les ressources en eau

À l'échelle mondiale, il y a des signes cohérents de changement dans les régimes de ruissellement annuel moyen (GIEC, 2008). Les hautes latitudes et une grande partie des États-Unis ont connu une augmentation du ruissellement (Peterson et al., 2002, McClelland et al., 2004, Dai et al., 2009, Lins et Slack, 1999) et d'autres, tels que l'Afrique de l'Ouest, l'Europe du Sud et l'Amérique du Sud la plus méridionale ont connu une diminution du ruissellement (Milly et al., 2005). Stahl et al. (2010) ont étudié les tendances de l'écoulement en rivière en Europe pour la période 1962-2004. Ils ont trouvé une image régionale cohérente des tendances sur des débits, avec des tendances négatives dans les régions du sud et de l'est, et des tendances généralement positives ailleurs. Hamlet et al. (2007) ont constaté que dans l'ouest des États-Unis, le ruissellement se produit plus tôt au printemps, tendance qui est principalement liée à l'augmentation des températures et à la fonte des neiges. Il y a eu des diminutions significatives du stockage de l'eau dans les glaciers de montagne et dans la couverture de neige de l'hémisphère Nord (GIEC, 2008).

- *Globally, it is likely that the area encompassed by monsoon systems will increase over the 21st century. While monsoon winds are likely to weaken, monsoon precipitation is likely to intensify due to the increase in atmospheric moisture. Monsoon onset dates are likely to become earlier or not to change much. Monsoon retreat dates will likely be delayed, resulting in lengthening of the monsoon season in many regions.*

- There is *high confidence* that the El Niño-Southern Oscillation (ENSO) will rem*ain the dominant mode of interannual variability in the tropical Pacific, with global effects in the 21st century. Due to the increase in moisture availability, ENSO-related precipitation variability on regional scales will likely intensify. Natural variations of the amplitude and spatial pattern of ENSO are large and thus confidence in any specific projected change in ENSO and related regional phenomena for the 21st century remains low."*

Kunkel et al. (2013) have analyzed the latest climate simulations regarding probable maximum precipitation (PMP) and shown that PMP will increase in the future due to higher levels of atmospheric moisture content and consequent higher levels of moisture transport into storms. The increase of atmospheric moisture content is consistent with temperature changes with an approximate Clausius-Clapeyron relationship, which is the differential equation relating pressure of a substance (water vapor in this case) to temperature in a system, in which two phases of the substance are in equilibrium.

In some regions, climatologists even found evidence that precipitation amounts in strongly convective events may be even more sensitive to temperature than the Clausius-Clapeyron relationship would indicate - see Lenderik *et al.* (2009) for an example in the North Sea.

4.5. GLOBAL WATER RESOURCES

Observations of river runoff and other variables related to water resources are organized differently around the world. Most countries have national hydrological services, sometimes as a part of their hydrometeorological service. But there are also data collected by industry branches like the hydropower industry and companies working with water supply. On the global scale there are a few centralized data centres, like the German Global Runoff Data Centre, where sets of high-quality hydrological data can be found. As for air temperatures and precipitation homogeneity problems have to be considered in any trend analysis of river runoff. This is an even greater problem for the runoff records as they are affected by land use changes in the catchment, river regulation and abstraction for irrigation and water supply.

4.5.1. Observations of trends in water resources

At the global scale, there is evidence of a broadly coherent pattern of change in annual runoff (IPCC, 2008). High latitudes and large parts of the USA have experienced an increase in runoff (e.g. Peterson et al., 2002; McClelland et al., 2004; Dai et al., 2009; Lins and Slack, 1999) and others, such as parts of West Africa, southern Europe and southernmost South America, have experienced a decrease in runoff (Milly et al., 2005). Stahl et al. (2010) studied trends in streamflow in Europe for the period 1962-2004. They found a regionally coherent picture of annual streamflow trends, with negative trends in southern and eastern regions, and generally positive trends elsewhere. Hamlet et al. (2007) found that in the Western USA, runoff is occurring earlier in spring, a trend that is related primarily to increasing temperatures and snowmelt. There have been significant decreases in water storage in mountain glaciers and Northern Hemisphere snow cover (IPCC, 2008).

Dans de nombreuses régions, aucune tendance au ruissellement n'a été trouvée, ou les études ont été incapables de séparer les effets des variations de température et des précipitations des effets des interventions humaines dans le bassin versant, comme l'évolution d'utilisation des terres ou la construction de nouveaux réservoirs (GIEC, 2008)

Selon le rapport spécial du GIEC (2012), il y a une évidence limitée à moyenne pour statuer sur les changements observés dans l'ampleur et la fréquence des crues à l'échelle régionale, car les mesures disponibles aux stations de jaugeage sont limitées dans l'espace et le temps, et en raison des effets perturbateurs liés aux actions humaines sur l'usage des terres (urbanisation, ...). De plus, il y a une confiance globalement faible à l'échelle mondiale en ce qui concerne même le signe de ces changements (augmentation ou réduction).

4.5.2. *Scenarios futurs pour les ressources en eau*

Les chapitres suivants donnent des détails sur la façon d'évaluer les impacts du changement climatique à l'échelle des bassins versants. Mais on donne dans la présente section des aperçus sur les projections futures possibles à l'échelle mondiale.

Les études à l'échelle mondiale qui ont été conduites en utilisant le ruissellement simulé directement par des modèles climatiques et par des modèles hydrologiques montrent que le ruissellement augmente dans les hautes latitudes et les zones tropicales humides, et diminuent aux latitudes moyennes et dans certaines régions tropicales sèches (GIEC, 2008). Au milieu du XXIe siècle, le ruissellement annuel moyen et la disponibilité de l'eau aux hautes latitudes et dans certaines régions tropicales humides devraient augmenter en raison du changement climatique, et diminuer dans certaines régions sèches aux latitudes moyennes et dans les zones tropiques sèches. De nombreuses zones semi-arides et arides (par exemple le bassin méditerranéen, l'ouest des Etats-Unis, l'Afrique australe et le nord-est du Brésil) sont particulièrement exposées aux impacts du changement climatique et souffriront d'une diminution des ressources en eau (confiance élevée des prévisions). Les résultats du projet WATCH récemment terminé indiquent que lorsque l'on utilise un ensemble de modèles climatiques et de modèles hydrologiques, les changements prévus dans les ressources en eau présentent une large dispersion dans certaines régions du monde (Hagemann et al., 2013).

Cependant, dans les hautes latitudes et dans certaines régions de latitude moyenne, les modèles s'accordent sur le signe des changements hydrologiques projetés, indiquant une plus grande confiance dans les résultats (Hagemann et al., 2013). Selon le GIEC (2011), les changements de précipitations et de températures projetés impliquent des changements possibles sur les régimes de crue, bien que globalement, il y ait peu de confiance dans les projections des changements sur les crues. La confiance est jugée *faible* parce que les causes des changements régionaux sont complexes, même s'il y a des exceptions à cette affirmation. Il y a par exemple une *confiance moyenne* (basée sur des facteurs physiques) sur le fait que les augmentations projetées de fortes précipitations contribueraient à l'augmentation des crues locales à petite échelle, dans certains bassins ou régions. Les territoires situés dans des bassins alimentés par la fonte des neiges et qui font l'expérience d'une diminution des accumulations de neige en hiver, peuvent être affectés négativement par la diminution des débits des rivières en été et en automne (Barnett et al., 2005).

Selon le GIEC (2011), il y a une *confiance moyenne* au fait que les sécheresses s'intensifieront au XXIe siècle dans certaines saisons et régions, en raison de la réduction des précipitations et / ou de l'augmentation de l'évapotranspiration. Ceci s'applique aux régions incluant le sud de l'Europe et la région méditerranéenne, l'Europe centrale, le centre de l'Amérique du Nord, l'Amérique centrale et le Mexique, le nord-est du Brésil et l'Afrique australe. Ailleurs, le niveau de *confiance* des prévisions est globalement *faible* en raison des projections incohérentes sur les changements des bas débits des rivières (qui dépendent à la fois du modèle et de l'indice de sécheresse adopté).

In many areas no trends in runoff have been found, or studies have been unable to separate the effects of variations in temperature and precipitation from the effects of human interventions in the catchment, such as land-use change and reservoir construction (IPCC, 2008).

According to IPCC (2012) special report, there is *limited* to *medium* evidence available to assess climate-driven observed changes in the magnitude and frequency of floods at regional scales because the available instrumental records of floods at gauge stations are limited in space and time, and because of confounding effects of changes in land use and engineering. Furthermore, there is low agreement in this evidence, and thus overall *low confidence* at the global scale regarding even the sign of these changes.

4.5.2. Scenarios of future water resources

Following chapters give details on how to assess climate change impacts at watershed scale. But one gives in the present section some insights about possible future projections at the global scale.

The global-scale studies that have been conducted using both runoff simulated directly by climate models and hydrological models run off-line show that runoff increases in high latitudes and the wet tropics, and decreases in mid-latitudes and some parts of the dry tropics (IPCC, 2008). By the middle of the 21st century, annual average river runoff and water availability are projected to increase as a result of climate change at high latitudes and in some wet tropical areas and decrease over some dry regions at mid-latitudes and in the dry tropics. Many semi-arid and arid areas (e.g., the Mediterranean Basin, western USA, southern Africa and northeastern Brazil) are particularly exposed to the impacts of climate change and are projected to suffer a decrease of water resources due to climate change (*high confidence*). Results from the recently ended WATCH project indicate that when using a multi-model ensemble of climate models and hydrological models, there is a large spread in projected changes in water resources for some regions of the world (Hagemann et al., 2013).

However, at high latitudes and in some mid-latitude regions the models agree on the sign of projected hydrological changes, indicating higher confidence in the results (Hagemann et al., 2013). According to IPCC (2011) projected precipitation and temperature changes imply possible changes in floods, although overall there is *low confidence* in projections of changes in fluvial floods. Confidence is *low* because the causes of regional changes are complex, although there are exceptions to this statement. There is *medium confidence* (based on physical reasoning) that projected increases in heavy rainfall would contribute to increases in local flooding, in some catchments or regions. People living in snowmelt-fed basins experiencing decreasing snow storage in winter may be negatively affected by decreased river flows in the summer and autumn (Barnett et al., 2005).

According to IPCC (2011) there is *medium confidence* that droughts will intensify in the 21st century in some seasons and areas, due to reduced precipitation and/or increased evapotranspiration. This applies to regions including southern Europe and the Mediterranean region, central Europe, central North America, Central America and Mexico, northeast Brazil, and southern Africa. Elsewhere there is overall *low confidence* because of inconsistent projections of drought changes (dependent both on model and dryness index).

5. IMPACT ET ÉVALUATION DES RISQUES LIÉS AU CLIMAT SUR LES BARRAGES, LES RÉSERVOIRS ET LES RESSOURCES EN EAU

Ce chapitre vise à décrire différentes méthodes et approches permettant aux propriétaires et gestionnaires de barrages et réservoirs d'analyser les impacts potentiels du changement climatique sur leurs systèmes de ressources en eau.

La première section (5.1) examine les recommandations du GIEC en ce qui concerne les analyses d'impact régionales. La section 5.2 reprend les principaux éléments qui justifient que les gestionnaires et les concepteurs des barrages et réservoirs réexaminent leurs activités à la lumière de l'évolution du climat et décrit le processus d'analyse global menant à l'évaluation des avantages associés à mesures d'adaptation. La section 5.3 porte sur la description des différentes méthodologies couramment utilisées pour effectuer des analyses d'impact sur les changements climatiques. La section 5.4 traite des incertitudes et des approches probabilistes, et enfin, la section 5.5 présente des exemples d'analyses des impacts et de mesures d'adaptation adoptées pour faire face aux conséquences des changements climatiques.

5.1. RECOMMANDATIONS DU GIEC POUR L'ANALYSE D'IMPACT RÉGIONAL

Le GIEC a résumé et publié l'état des connaissances concernant l'évaluation des impacts, de l'adaptation et de la vulnérabilité liés aux changements climatiques dans les rapports d'évaluation du Groupe de Travail II du GIEC (Carter et coll., 1996; Ahmad et coll., 2001; IPCC, 2007) et dans un rapport spécial sur l'adaptation (IPCC, 1994). Les rapports d'évaluation antérieurs de 1996 et 2001 fournissent des descriptions détaillées des méthodes d'évaluation d'impact, tandis que le quatrième rapport d'évaluation (2007) fournit une mise à jour mettant l'accent sur les améliorations des méthodes. De nombreuses méthodes d'évaluation utilisent des scénarios climatiques dérivés de simulations de modèles climatiques. C'est particulièrement vrai pour les études hydrologiques qui ont une forte composante quantitative. Le GIEC traite la question des scénarios climatiques dans des chapitres spécialisés des rapports des GT I et GT II (voir Carter et al., 2001; Mearns et al., 2001; Carter et al., 2007; ou des rapports d'évaluation plus récents du GIEC) et a récemment résumé les lignes directrices du GIEC sur la façon d'utiliser judicieusement les projections des modèles climatiques disponibles (Knutti et al., 2010). Un document technique du GIEC axé sur les impacts du changement climatique sur les ressources en eau (Bates et al., 2008) peut servir de référence aux exploitants et aux propriétaires de barrages, tant en ce qui concerne les différents secteurs des ressources en eau que les contextes régionaux.

Le GIEC recommande une approche normalisée de l'évaluation des changements climatiques, qui repose sur sept étapes fondamentales :

1. Définir le problème

2. Choisir une méthode d'évaluation

3. Tester la méthode et la sensibilité aux paramètres principaux

4. Sélectionner des scénarios climatiques

5. Évaluer les impacts biophysiques/socioéconomiques

6. Évaluer les processus d'auto-ajustement

7. Évaluer les stratégies d'adaptation

5.   CLIMATE-INDUCED IMPACT AND RISK ASSESSMENT ON DAMS, RESERVOIRS, AND WATER RESOURCES SYSTEMS

This chapter aims at describing different methods and approaches allowing dam and reservoir owners to analyse potential impacts of climate change on their water resources systems.

The first section (5.1) reviews the recommendations of IPCC with respect to regional impact analyses. Section 5.2 recaptures the main elements justifying dam and reservoir managers and designers to revisit their activities in light of climate evolution and describes the overall analysis process leading to the evaluation of the benefits associated to adaptation measures. Section 5.3 focuses on the description of different methodologies commonly used to perform climate change impact analyses. Section 5.4 deals with uncertainties and probabilistic approaches, and finally section 5.5 brings examples of impacts analyses and adaptation measures adopted to cope with climate change consequences.

5.1.   IPCC RECOMMENDATIONS FOR REGIONAL IMPACT ANALYSIS

The IPCC has summarized and published the state of knowledge with respect to the assessment of climate change impacts, adaptation and vulnerability in the assessment reports of the IPCC Working Group II (Carter et al., 1996; Ahmad et al., 2001; IPCC, 2007) and in a special report on impacts and adaptation (IPCC, 1994). The earlier assessment reports from 1996 and 2001 provide detailed descriptions of impact assessment methods while the fourth assessment report (2007) provides an update focussing on improvements of methods. Many assessment methods make use of climate scenarios derived from climate model simulations. This is particularly true for hydrological studies that have a strong quantitative component. The IPCC treats the topic of climate scenarios in dedicated chapters in WG I and WG II reports (see Carter et al., 2001; Mearns et al., 2001; Carter et al., 2007; or more recent IPCC Assessment Reports) and has recently summarized IPCC guidelines on how to make adequate use of available climate model projections (Knutti et al., 2010). A IPCC technical paper with a focus on climate change impacts on water resources (Bates et al., 2008) can serve as a good reference for dam operators and owners both in respect to different water resources sectors as well as regional contexts.

The IPCC recommends a standard approach to climate change assessment, which is based on seven basic steps:

1.   Define problem

2.   Select method

3.   Test method/sensitivity

4.   Select climate scenarios

5.   Assess biophysical/socio-economic impacts

6.   Assess autonomous adjustments

7.   Evaluate adaptation strategies

Cette approche est fondée sur les scénarios générés par les modèles climatiques et a été définie très tôt dans le rapport spécial sur les impacts et l'adaptation (GIEC, 1994) et précisée dans le rapport TAR, AR4 (IPCC, 2001; IPCC, 2007), et plus récemment dans les rapports AR5 du GIEC. Il a été utilisé dans un large éventail d'applications et peut être modifié en fonction des particularités d'une étude.

Les impacts hydrologiques devront être quantifiés dans la majorité des cas et devront donc reposer sur des scénarios climatiques quantitatifs. Afin de faire des prévisions quantitatives des effets régionaux du changement climatique sur l'hydrologie, il est recommandé d'analyser à la fois les changements du débit moyen à différentes échelles de temps et les changements dans la distribution temporelle du débit. Le ruissellement direct produit parfois par les modèles climatiques permet d'évaluer les évolutions macroscopiques du ruissellement de surface, mais les processus de laminage et de modification effective des débits au cours de leur propagation ne sont pas correctement représentés. Par conséquent, pour transformer les scénarios climatiques en scénarios d'écoulement des cours d'eau, il faut utiliser des modèles hydrologiques. Les bassins gouvernés ou influencés par la neige et/ou la glace sont particulièrement sensibles aux variations des débits de pointe et des conditions hivernales (Kumar et al. 2011).

5.2. EXIGENCES RELATIVES À L'ADAPTATION DE LA CONCEPTION ET DE L'EXPLOITATION DES BARRAGES ET RÉSERVOIRS

Les barrages, les réservoirs et les systèmes de ressources en eau contribuent largement au bien-être humain. Toutefois, la performance de leur conception et de leur exploitation peut changer dans des conditions climatiques transformées. Afin d'identifier les initiatives potentielles que les propriétaires et les exploitants des systèmes de barrage, réservoir et ressources en eau peuvent entreprendre pour faire face à ce problème important, il est essentiel de déterminer l'état actuel des connaissances des impacts du changement climatique sur les variables hydrologiques à l'échelle régionale et locale. Cette section (i) définit le problème à résoudre et (ii) décrit approximativement le processus d'analyse à réaliser afin de quantifier les avantages des mesures d'adaptation possibles appliquées à la gestion et à la conception des barrages et des réservoirs.

a. Définir le problème à résoudre :

Le problème à résoudre découle du changement potentiel du lien entre le climat et le régime hydrologique d'un côté et la configuration physique et l'exploitation d'un barrage ou d'un réservoir de l'autre. Cela implique que :

1. Les structures hydrauliques ont été conçues et sont exploitées selon les conditions climatiques et hydrologiques antérieures

2. Compte tenu des changements climatiques et hydrologiques potentiels, il est recommandé de revoir l'adéquation des structures hydrauliques et de leurs opérations

Sur la base de cette définition de l'interaction des changements climatiques et des barrages/ réservoirs, le processus d'analyse à réaliser pour évaluer la nécessité d'adapter la conception ou les opérations de l'équipement peut être mis en œuvre.

b. Décrire le processus d'analyse menant à la décision d'adapter ou non :

Avant toute adaptation, il faut examiner les effets potentiels du changement climatique et les avantages qu'il pourrait y avoir à adapter un système de barrage/réservoir. Pour ce faire, on peut étudier la performance du système selon différents scénarios climatiques. Le plan d'analyse est illustré à la figure 5.1. Afin d'évaluer l'intérêt pour l'adaptation, l'analyse (qualitative ou numérique) à effectuer consiste à comparer la performance connue du système à la performance dans de nouvelles conditions hydro-climatiques.

This approach is driven by climate model generated scenarios and has early been defined in the special report on impacts and adaptation (IPCC, 1994) and refined in TAR, AR4 (IPCC, 2001; IPCC, 2007), and more recently in AR5 IPCC reports. It has been used in a wide range of applications and can be modified according to particularities of a study.

Hydrological impacts will need to be quantified in the majority of cases and should therefore rely on quantitative climate scenarios. In order to make quantitative predictions of regional climate change effects on hydrology, it is recommended to analyse both changes in average flow at different time scales and changes in the temporal distribution of flow. Direct runoff output from climate models allows for the assessment of changes in surface runoff but lacks the routing and transformation into stream flows. Thus, to achieve the transformation of climate scenarios into stream flow scenarios hydrological models should be employed. Hydrological regimes governed by snow and/or ice are particularly susceptible to shifts in peak flows and winter conditions (Kumar et al. 2011).

5.2. REQUIREMENTS FOR ADAPTING DAM AND RESERVOIR DESIGN AND OPERATION TO CLIMATE CHANGE

Dams, reservoirs and water resources systems largely contribute to human well-being. However, the performance of their design and operations under climate change conditions may change. In order to identify the potential initiatives that the dam, reservoir and water resources systems owners and operators may undertake to cope with this important issue, it is essential to determine the current state of knowledge of the impacts of climate change on hydrological variables at regional and local scales. This section (i) defines the problem we have to cope with and (ii) describes roughly the analysis process to be realized in order to quantify the benefits of possible adaptation measures applied to dam and reservoir management and design.

    a. define the problem we have to cope with:

The problem to be addressed arises from the potential change to the connection between climate and the hydrological regime on one side and the physical configuration and the operation of a dam or reservoir on the other. It implies that:

1. Hydraulic structures were designed and are operated according to past climate and hydrological conditions.

2. In the light of potential climate and hydrological changes, it is recommended to revisit the adequacy of the hydraulic structures and their operations.

Based on this definition of interaction of climate change and dams/reservoirs the analysis process to be realized in order to evaluate the necessity of adapting equipment design or operations can be implemented.

    b. describe the analysis process leading to a decision whether to adapt or not:

Prior to any adaptation the potential climate change impacts and the benefits that might lie in adaptation need to be investigated for any particular dam and reservoir systems. This can be done by studying the performance of the system under different climate scenarios. The analysis design is illustrated in Figure 5.1. In order to evaluate the interest for adaptation, the (virtual or numerical) analysis to perform is to compare the known performance of the system to the performance under new hydro-climatic conditions.

Quatre cas peuvent être considérés :

1. Évaluer la performance du système actuel (performance 1)

2. Évaluer la performance du système dans de nouvelles conditions hydro-climatiques sans modifier les règles d'exploitation ou la configuration physique de l'équipement (performance 2)

3. Évaluer la performance du système dans de nouvelles conditions hydro-climatiques et améliorer les règles opérationnelles sans modifier la configuration physique de l'équipement (performance 3)

4. Évaluer la performance du système dans de nouvelles conditions hydro-climatiques et à la fois des règles opérationnelles améliorées et une configuration physique de l'équipement adaptée (performance 4)

Les avantages associés à une mesure d'adaptation fonctionnelle ou structurelle donnée peuvent être évalués en comparant les performances 1 à 4. Des exemples de mesures d'adaptation fonctionnelles et structurelles possibles sont présentés au chapitre 9.

Il faut veiller à distinguer clairement les facteurs d'origine climatique de ceux d'origine non climatique dans les évaluations d'incidence dans les quatre cas. Un examen des facteurs non climatiques se trouve au chapitre 6.

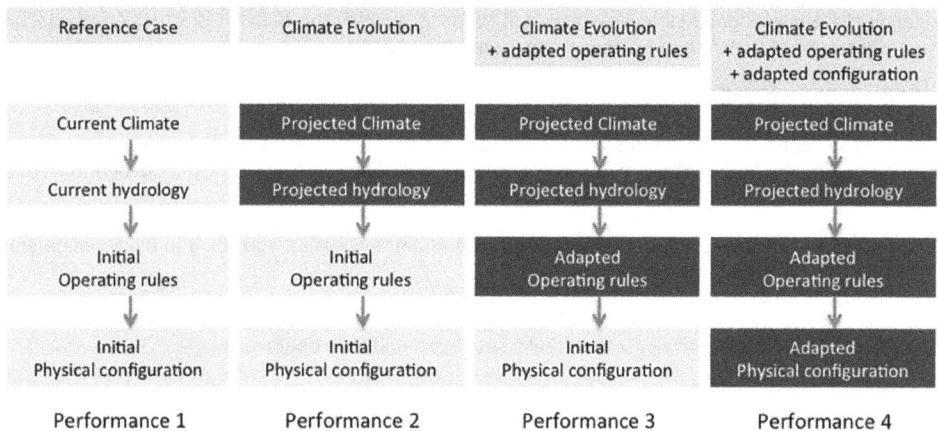

Reference Case	Climate Evolution	Climate Evolution + adapted operating rules	Climate Evolution + adapted operating rules + adapted configuration
Current Climate	Projected Climate	Projected Climate	Projected Climate
↓	↓	↓	↓
Current hydrology	Projected hydrology	Projected hydrology	Projected hydrology
↓	↓	↓	↓
Initial Operating rules	Initial Operating rules	Adapted Operating rules	Adapted Operating rules
↓	↓	↓	↓
Initial Physical configuration	Initial Physical configuration	Initial Physical configuration	Adapted Physical configuration
Performance 1	Performance 2	Performance 3	Performance 4

Fig. 5.1
Illustration de la conception de l'analyse quantifiant les avantages de l'adaptation
(modifié de Roy et al., 2008)

Cette section propose un cadre général permettant d'effectuer une analyse de l'impact des changements climatiques sur les systèmes de ressources en eau. Nous introduirons une gamme de méthodes différentes, connues et améliorées, allant d'analyses relativement simples et peu coûteuses à des analyses plus coûteuses et plus sophistiquées. Les plus simples sont envisagées lorsqu'on ne dispose que de renseignements limités, qu'une évaluation générale des impacts est suffisante ou que le risque de défaillance n'induit pas a priori des dommages importants. Les plus complètes et complexes pourraient être préférées par les utilisateurs ayant accès à plus d'informations climatologiques et hydrologiques et/ou ayant à faire face à de grandes infrastructures hydrauliques à enjeu et à risque. Des procédures plus complexes pourraient induire une plus grande incertitude, de sorte que des approches plus simples pourraient encore être suffisamment efficaces et envisagées, bien que des méthodes plus complexes soient disponibles.

Four cases can be examined:

1. Assess the current equipment's performance (performance 1)

2. Evaluate the equipment performance under new hydro-climatic conditions without modifying either operational rules or the equipment physical configuration (performance 2)

3. Evaluate the equipment performance under new hydro-climatic conditions and improved operational rules without modifying the equipment physical configuration (performance 3)

4. Evaluate the equipment performance under new hydro-climatic conditions and both improved operational rules and adapted equipment physical configuration (performance 4)

Benefits associated with any given functional or structural adaptation measure can be evaluated by comparing performances 1 to 4. Examples of possible functional and structural adaptation measures are presented in Chapter 9.

Care must be taken to clearly separate climate driven changes to a water management system from non-climatic factors that have an impact of the system performance in the four cases. A review of non-climatic drivers can be found in Chapter 6.

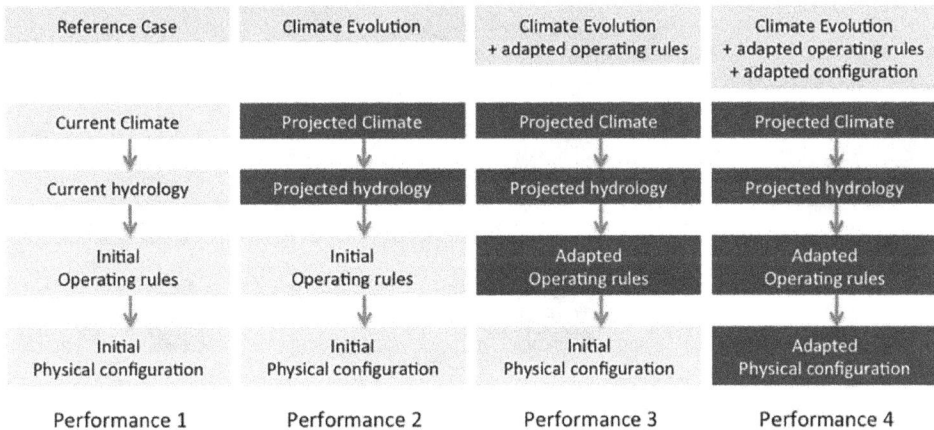

Fig. 5.1
Illustration of the analysis design quantifying the benefits for adaptation (modified from Roy et al., 2008)

This section describes a general framework in order to perform climate change impact analysis on water resources systems. We will introduce a range of different known and improved methods from relatively simple and low-cost analyses to more expensive and sophisticated ones. The simpler ones being considered when only limited information is available, a broad evaluation of impacts is sufficient, or the risk of failure are not associated with important damages. The more complete and complex ones could be preferred by users having access to more climatological and hydrological information and/or having to deal with major hydraulic infrastructures at risk. More complex procedures might involve larger uncertainty thus simpler approaches could still be effective and considered although more complex methods are available.

La méthode la plus simple et la plus accessible pour analyser la sensibilité climatique des barrages/réservoirs repose sur des « scénarios postulés ». Selon cette approche (étude de sensibilité), les scénarios climatiques et hydrologiques peuvent être fondés sur l'analyse de données historiques (pour des conditions particulièrement inhabituelles ou des observations perturbées) ou tirés de modèles de circulation générale (MCG) disponibles. Lorsqu'elles sont abordables, des méthodes plus précises impliquant une descente d'échelle dynamique, empirique ou statistique des résultats du modèle climatique mondial peuvent être utilisées. Étant donné que les modèles climatiques comprennent la modélisation du cycle hydrologique à la surface du sol, on peut utiliser le ruissellement tiré directement des simulations climatiques, avec prudence en raison de la résolution grossière et des biais potentiels. Les modèles climatiques régionaux (RCM) peuvent fournir des simulations à plus haute résolution, lorsque disponibles. Le cas échéant, des modèles hydrologiques devraient être utilisés pour simuler les effets du changement climatique à l'échelle régionale et locale. Dans ce cas, l'information sur le modèle climatique doit être adaptée aux échelles de modélisation hydrologique. Les résultats des modèles hydrologiques simulés pour les conditions futures peuvent ensuite servir d'intrants aux modèles de gestion des eaux encore plus instructifs pour évaluer les impacts potentiels. Si les impacts attendus sont d'une ampleur significative, cette dernière information peut être utilisée pour adapter la conception ou l'exploitation de toute structure hydraulique donnée. Si les impacts sont insignifiants, aucune adaptation n'est nécessaire. Les sous-sections suivantes décrivent brièvement l'approche progressive proposée, du plus simpliste au plus élaboré. La Figure 5.2 illustre schématiquement la séquence des approches.

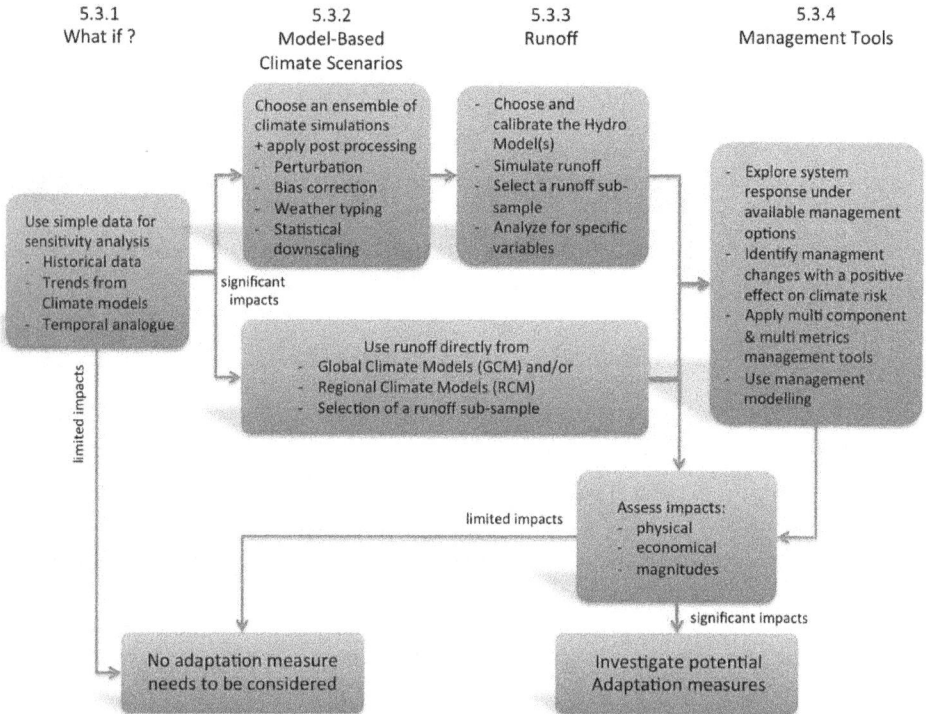

Fig. 5.2
Différentes approches de l'évaluation de l'impact hydrologique sur le climat

The simplest and most accessible method to analyse dams/reservoirs climate sensitivity relies on "what if scenarios". According to this approach, the climate and hydrological scenarios could be based on historical data analysis (for either specifically unusual conditions, or disturbed observations) or taken from available general circulation models (GCMs). When affordable, more accurate methods involving dynamical, empirical, or statistical downscaling of global climate model output could be used. Since climate models include the modelling of the hydrological cycle at the land surface, runoff taken directly from climate simulations may be used, with caution due to coarse resolution and potential biases. Regional Climate Models (RCM) may provide higher resolution simulations where available. When suitable, hydrologic models should be employed to simulate the effects of climate change at regional and local scales. In this case climate model information needs to be adapted to hydrological modelling scales. Hydrological model outputs simulated for future conditions can then serve as inputs to water management models that shed more light on potential impacts. If expected impacts are of substantial magnitude this latter information can be used to adapt the design or the operations of any given hydraulic structure. If impacts are insignificant no adaptation is necessary. The following sub-sections describe briefly the proposed stepwise approach moving from the most simplistic to the most elaborated one. Figure 5.2 provides a schematical illustration of the sequence of approaches.

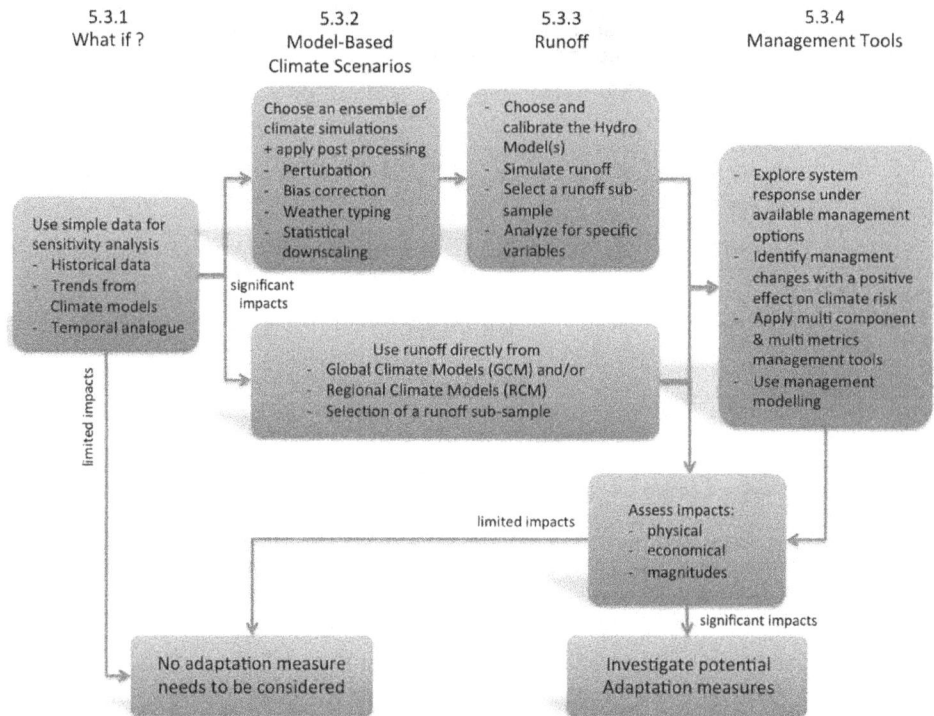

Fig. 5.2
Different pathways for hydrological climate impact assessments

5.2.1. Scénarios postulés « que se passe-t-il si ...?»

Pour construire des scénarios postulés « que se passe-t-il si ...? » :

a. Exploiter les données climatologiques et hydrologiques historiques et les tendances générales des événements obtenues à partir des évolutions facilement disponibles à partir de simulations GCM, en mettant l'accent sur les conditions extrêmes, qui pourraient même être accentuées (étude de sensibilité). De tels événements basés sur les températures et/ou les précipitations peuvent être sélectionnés parmi un large éventail de conditions climatiques futures potentielles. Par exemple, un scénario postulé typique peut être fondé sur :

   • La répétition d'une période de sécheresse historique passée, mais en supposant par exemple une durée plus longue ou des conditions plus difficiles pendant l'événement;

   • Une augmentation moyenne de la température de l'air pour une gamme de valeurs plausibles;

   • Un changement annuel ou saisonnier de la moyenne des précipitations pour une gamme de valeurs plausibles;

   • etc.

b. Évaluer approximativement les impacts potentiels de ces conditions climatologiques/ hydrologiques postulées sur l'exploitation et la conception des barrages en utilisant des analogues temporels de conditions climatiques extrêmes

c. Évaluer l'importance des impacts. Si elles ne sont pas importantes, il n'est pas nécessaire de s'adapter et l'exercice peut s'arrêter ici

d. Si les impacts projetés sont importants, il faut suivre l'approche décrite à la section 5.3.2

5.2.2. Scénarios fondés sur des modèles climatiques

Cette catégorie de scénarios comprend l'utilisation des résultats des modèles climatiques et de leur post-traitement pour servir d'intrants aux modèles hydrologiques des bassins régionaux.

La sélection de scénarios climatiques futurs est un point critique de toute évaluation d'impact quantitative fondée sur des modèles climatiques. Suivant les recommandations du GIEC, l'analyse doit reposer sur des ensembles de simulations pour l'analyse des impacts climatiques et un certain nombre de questions doivent être prises en compte dans le choix des scénarios climatiques :

   • En raison de la complexité du modèle et de la réponse au modèle, il n'est pas possible de définir un « meilleur modèle » pour une région ou une application donnée. Les paramètres de qualification des modèles sont multicritères. Un ensemble de modèles crédibles doit être utilisé pour représenter un éventail de réponses réalistes.

   • Être conscient que les différences dans les simulations du modèle climatique doivent être observées et comprises (variations entre les simulations et les modèles, type d'ensemble, variabilité interne, etc.).

   • La surreprésentation des modèles avec des simulations à plusieurs membres doit être prise en compte en faisant d'abord la moyenne des membres du modèle avant de combiner différents modèles

5.2.1. "What if" scenarios

To construct « What if? » scenarios:

a. either exploit historical climatological and hydrological information on events general trends obtained from easily available deltas of change from GCM simulations, putting emphasis on extreme conditions, that could even be inflated. Such events based on temperatures and/or precipitation can be selected on scatter plots giving a wide range of potential future climate conditions. For instance, a typical "what if scenario" can be based on:

  - the repetition of a past historical drought period, but assuming for example a longer duration or harsher conditions during the event.

  - an average air temperature increase for a range of plausible values.

  - an annual or seasonal precipitation average change for a range of plausible values.

  - etc.

b. evaluate roughly the potential impacts of these climatological/hydrological conditions on dam operations and design by using temporal analogues of extreme climatic conditions.

c. assess the significance of impacts. If they are not significant, there is no need to adapt and the exercise may stop here.

d. If the expected impacts are significant, then the approach described in 5.3.2 should be followed.

5.2.2. Climate model-based scenarios

This category of scenarios includes the use of climate models outputs and post-processing to serve as inputs to regional basin hydrological models.

A critical point in any quantitative scenario-based impact assessment is the selection of future climate scenarios. Following IPCC recommendations, analysis must rely on ensembles of simulations for climate impact analysis and a number of issues should be considered in the selection of climate scenarios:

  - Due to model complexity and model response no 'best model' for a given region or application can be identified. Quality metrics are not unequivocal. An ensemble of multiple models should be used to represent a range of realistic responses.

  - Be aware that differences in the climate model simulations are to be observed and must be understood (variations between simulations and models, type of ensemble, internal variability, etc.).

  - Overrepresentation of models with multi-member simulations must be considered by averaging model members first before combining different models.

- Il faut tenir compte de l'incertitude intrinsèque des données d'observations et de la variabilité interne des modèles pour déterminer un signal important de changement climatique.

- Les étapes de priorisation et de pondération constituent un enjeu crucial. Si on les applique, ils doivent être entièrement documentés et comparés aux résultats non priorisés/non pondérés.

- L'accord sur les modèles n'est pas systématiquement un indicateur de vraisemblance des modèles

- L'incertitude devrait être évaluée en combinant les modèles climatiques mondiaux et/ ou régionaux avec différentes techniques de descente d'échelle (ou désagrégation).

- L'incertitude dans les scénarios climatiques futurs augmente avec l'échelle décroissante.

- Les simulations plus récentes ne doivent pas être considérées comme forcément plus fiables que les simulations plus anciennes (p. ex., l'ensemble CMIP5 ne signifie pas que l'ensemble CMIP3 doit être rejeté).

- Tenir compte des facteurs régionaux non climatiques (p. ex., changement d'affectation des terres, polluants atmosphériques, voir le chapitre 6).

Cette liste comprend les questions les plus importantes à prendre en compte lors de l'utilisation de scénarios climatiques pour l'analyse des impacts régionaux. La prise de connaissance de la description détaillée des problèmes et des questions actuellement non résolues dans la construction d'ensembles multi-modèles que l'on trouve dans Knutti et al. (2010) est fortement recommandée.

Afin de permettre une utilisation efficace des données de simulation climatique dans les données de modélisation hydrologique, il est possible d'utiliser des méthodes de descente d'échelle statistique pour amener les scénarios climatiques à une échelle appropriée pour les modèles hydrologiques. C'est particulièrement le cas pour les données GCM à des échelles grossières non adaptées pour une utilisation directe dans l'analyse des impacts sur les bassins hydrographiques. Les options de descente d'échelle statistique sont les suivantes :

- Appliquer une méthode dite de « perturbation » pour produire des scénarios climatiques futurs utilisables par des modèles hydrologiques. Les méthodes de perturbation utiliseront la différence entre le climat futur simulé et le climat de référence simulé pour perturber les séries chronologiques observées. Différentes approches fondées sur des « deltas » ou percentiles mensuels des distributions des données journalières sont utilisables. Les méthodes de perturbation créent des séries chronologiques futures présentant des caractéristiques de variabilité relative infra-mensuelle similaires à celles des séries chronologiques observées. Ils n'utilisent pas les différentes dynamiques climatiques représentées dans les simulations de modèles climatiques (Mpelasoka et Chiew, 2009; Themessl et al., 2010; Maraun et al. 2010).

- Appliquer une approche de « correction des biais » pour produire des scénarios climatiques futurs utilisables par des modèles hydrologiques. Les méthodes de correction des biais utilisent les biais entre les observations climatiques de référence et les simulations climatiques de référence pour corriger une simulation future. Ils supposent des évolutions de biais négligeables entre les simulations climatiques pour une période de référence et une période future. Différentes approches pour aborder l'écart entre les modèles climatiques et le climat observé peuvent être utilisées. Ce groupe de méthodes préserve la dynamique climatique générée par les modèles climatiques, mais il pourrait manquer certaines des caractéristiques connues des observations (Mpelasoka et Chiew, 2009; Themessl et al., 2010; Maraun et al. 2010).

- Observational uncertainty and internal variability should be taken into account to identify a significant climate change signal.

- Ranking and weighting models is a critical issue. If applied, it needs to be fully documented and compared to un-weighted results.

- Agreement of models is not an indicator of likelihood.

- Uncertainty should be assessed combining Global and/or Regional Climate models and different downscaling techniques.

- Uncertainty in future climate scenarios increases with decreasing scale.

- More recent simulations should not be considered more reliable than older ones (e.g. CMIP5 ensemble does not mean that the CMIP3 ensemble should be discarded).

- Consider non-climatic regional factors (e.g. land use change, atmospheric pollutants, see Chapter 6)

This list includes the most important issues to consider when using climate scenarios for regional impact analysis. The detailed description of issues and currently unresolved questions in building multi-model ensembles found in Knutti et al. (2010) is highly recommended.

In order to bring climate simulation data to effective use in hydrological modelling data can be treated by using methods of statistical downscaling to bring climate scenarios to an appropriate scale for hydrological models. This is particularly the case for GCM data at coarse scales unfit for direct use in watershed impact analysis. Options for statistical downscaling include:

- applying a "Perturbation" method to produce future climate scenarios usable by hydrological models. Perturbation methods will use the difference between simulated future climate and simulated reference climate to perturb observed time series. Different approaches based on monthly deltas or percentiles of daily data's distributions are available. Perturbation methods create a future time series with similar characteristics as observed time series. They do not make use of the different climate dynamics represented in climate model simulations (Mpelasoka and Chiew, 2009; Themessl et al., 2010; Maraun et al. 2010).

- applying a "Bias Correction" approach to produce future climate scenarios usable by hydrological models. Bias correction methods use the biases between reference climate observations and reference climate simulations to correct a future simulation. They assume neglectable biase differences between climate simulations for a reference period and a future period. Different approaches to address climate model deviation from observed climate may be employed. This group of methods preserves the climate dynamics generated by climate models but might lack some of the characteristics known from observations (Mpelasoka and Chiew, 2009; Themessl et al., 2010; Maraun et al. 2010).

- Construire des scénarios climatiques par « types de temps ». Le typage météorologique comprend une classification des schémas climatologiques synoptiques à grande échelle (pression atmosphérique, humidité, etc.) qui sont statistiquement liés aux conditions météorologiques locales et régionales. Ces relations sont appliquées aux futurs modèles à grande échelle obtenus à partir de simulations GCM. Il comporte le risque que les relations entre le type de conditions météorologiques et les conditions météorologiques du site ne soient pas stationnaires au fil du temps (IPCC, 2001a).

- Créer des scénarios climatiques en utilisant la « désagrégation statistique ». La désagrégation ou descente d'échelle statistique établit des relations statistiques entre les variables observées à petite échelle (« prédictants » à partir des observations à l'échelle d'une station locale) et les variables à grande échelle (« prédicteurs » à partir de la réanalyse météo) en utilisant une analyse de régression multivariée ou des méthodes de réseaux de neurones. Ensuite, les relations statistiques sont appliquées aux variables GCM ou RCM pour générer le climat local ou régional futur à une échelle suffisamment détaillée (IPCC, 2007a).

Puis, la prochaine étape consiste à suivre l'approche décrite au §. 5.3.3 (recours à un modèle hydrologique).

5.2.3. Détermination du ruissellement

La détermination du ruissellement à l'état de l'art implique habituellement l'application d'un modèle hydrologique spécifique. Les étapes fondamentales de cette approche sont les suivantes:

a. Choix d'un modèle hydrologique.

b. Étalonnage et validation du modèle hydrologique.

c. Simulation du futur régime hydrologique.

d. Sélection d'un sous-échantillon de simulations hydrologiques qui couvre l'incertitude.

e. Analyse des évolutions sur des variables d'intérêt ciblées (volume annuel moyen, volume de crue, débit de pointe de crue, moment du pic de crue, etc.).

f. Si les évolutions prévues ne sont pas importantes, il n'est pas nécessaire de s'adapter et l'exercice s'arrête ici.

g. Si les évolutions prévues sont importantes, il est possible de passer aux analyses via outils de gestion (cf. 5.3.4).

Dans le cas d'un ruissellement évalué directement à partir des GCM/RCM :

a. Extraire le ruissellement simulé par des modèles climatiques. Les modèles à plus haute résolution spatiale et temporelle (typiquement les modèles locaux ou régionaux RCM) doivent être privilégiés par rapport aux modèles à résolution plus grossière (GCM).

b. Sélectionner un ensemble de scénarios hydrologiques.

c. Si les évolutions prévues ne sont pas importantes, il n'est pas nécessaire de s'adapter et l'exercice s'arrête ici.

- building climate scenarios by "weather Typing". Weather typing involves a classification of large-scale synoptic patterns of air pressure, humidity, etc. that are statistically linked to local and regional weather. These relationships are applied to future large-scale patterns obtained from GCM simulations. It involves the risk that the relationships between weather type and site weather may not be stationary over time (IPCC, 2001a).

- creating climate scenarios using "statistical downscaling". Statistical downscaling derives statistical relationships between observed small-scale variables (predictand from station observations) and larger scale variables (predictor from reanalysis) using multivariate regression analysis or neural network methods. Then, the statistical relationships are applied on GCM or RCM variables to generate the future local or regional climate (IPCC, 2007a).

As the next step we can proceed with the approach described in 5.3.3 (application of a hydrological model).

5.2.3. Run-off determination

State of the art runoff determination usually involves the application of a specific hydrological model. Fundamental steps in following this approach involve:

a. Choose a hydrological model.

b. Calibrate the hydrological model.

c. Simulate the future hydrological regime (driving the HM with climate scenarios).

d. Select a sub-sample of hydrological simulations that covers the uncertainty.

e. Analyse the impacts on specific variables of interest (mean annual volume, flood volume, flood peak, timing of the flood peak, etc.).

f. If expected impacts are not significant, there is no need to adapt, and the exercise stops here.

g. If the expected impacts are significant, you may or may not go through management tools (c.f. 5.3.4).

In the case of using direct GCM/RCM runoff:

a. Extract the runoff simulated by climate models. Higher resolution model outputs (RCMs) should be preferred over lower resolution model output (GCMs).

b. Select an ensemble of hydrological scenarios.

c. If expected impacts are not significant, there is no need to adapt, and the exercise stops here.

5.2.4. Outils de gestion

Toutes les étapes précédentes du processus d'évaluation d'impact concernent les réponses naturelles aux conditions climatiques variables. Ces étapes peuvent être suffisantes pour évaluer si les situations deviennent critiques et doivent être corrigées. Mais lorsque les systèmes de ressources en eau sont fortement régulés et contrôlés par les ouvrages, ou lorsque les besoins en eau et les utilisations de l'eau sont complexes et diversifiées, le processus d'évaluation d'impact doit également s'appuyer sur des « outils de gestion » qui reflètent la façon dont les installations et les ouvrages peuvent être (i) affectés par les changements climatiques, et (ii) exploités d'une manière différente lorsque le changement de gestion a un effet positif sur les risques identifiés (Brekke et al, 2004). Ces outils de gestion doivent comprendre différents éléments qui modélisent les processus physiques, les aspects économiques, les besoins humains et environnementaux, les objectifs de sécurité, etc. Ces outils comprennent souvent un module d'optimisation opérationnelle, mais la complexité des situations et la variété des objectifs à atteindre nécessitent également des outils de gestion multi-métriques. L'utilisation d'outils de gestion des ressources en eau en associant les parties-prenantes, la coordination et la négociation peut mener à une nouvelle façon « optimale » de gérer et de faire fonctionner le système global.

Dans cette optique, répondre aux défis du changement climatique pourrait aussi bien faire avancer la nécessité de passer à une meilleure « gestion intégrée des ressources en eau » (approche GIRE).

5.3. PRISE EN COMPTE DES INCERTITUDES. APPROCHES PROBABILISTES

Comme nous l'avons déjà indiqué dans le présent guide, la sélection arbitraire d'un unique ou de seulement deux GCM peut mener à des résultats et à des conclusions inappropriées, avec le risque *in fine* d'une exploitation trop complexe voire trompeuse pour les décideurs. L'examen d'un ensemble de scénarios (modèles multiples, scénarios d'émissions de GES multiples) peut définir un cadre et les limites d'évolutions futures possibles. Il convient de noter que des probabilités ou des niveaux de vraisemblance ne peuvent être formellement associées ni aux scénarios d'émissions de GES ni aux modèles GCM.

Toutefois, comme il est mentionné dans les lignes directrices du GIEC pour les études d'impact climatique (IPCC, 1999), il existe des moyens de tenir compte de l'incertitude associée aux projections sur les changements climatiques, qui peuvent fournir une évaluation plus complète des risques. En particulier, Jones (2000) a élaboré une méthode statistique intéressante, inspirée du concept statistique de surface de réponse ou stress test (De Rocquigny et al., 2008), et selon trois grandes étapes résumées et décrites à la Figure 5.3 :

1. Établir la sensibilité climatique intrinsèque du système de ressources en eau préoccupant, au moyen d'indicateurs de risque appropriés α (voir le chapitre 3), à des changements arbitraires incrémentaux des paramètres climatiques atmosphériques (température ΔT et précipitations ΔP). En pratique, la réponse des indicateurs de risque α aux changements ΔT et ΔP arbitraires constants peut être tracée comme le montre la figure 5.3. Habituellement, à mesure que ΔT augmente ou que ΔP diminue, l'indicateur de risque augmente logiquement.

2. Estimer la vraisemblance ou la densité de probabilité (PDF) de ces changements en température et précipitation ΔT et ΔP à l'horizon temporel d'intérêt, par un post-traitement des résultats des scénarios GCM, en supposant que chaque scénario climatique est équiprobable (ou également « faux »), donc en accordant à chaque scénario de GCM un poids uniforme similaire. Une distribution schématique d'une telle distribution de densité de probabilité PDF calculée (ΔT, ΔP) est tracée en cercles roses ombragés sur la figure 5.3.

5.2.4. Management tools

All previous steps in the impact assessment process regard natural responses to varying climate conditions. These steps can be sufficient to evaluate whether situations become critical and require remediation. But when water resources systems are highly regulated and controlled, or when water needs and water uses are complex and diverse, the impact assessment process must also rely on "management tools" that reflect the way installations and projects may be (i), affected by changed climate conditions, and (ii) operated in a different manner where the change in management has a positive effect on the risks identified (Brekke et al, 2004). These management tools must include different components that model physical processes, economical aspects, human and environmental needs, safety objectives, etc. Such tools often include an operational optimizer, but the complexity of situations and the variety of objectives to meet also call for multi-metrics management tools. The use of water resources management tools in combination with stakeholders' participation, coordination and negotiation may lead to an "optimum" new way of managing and operating the system.

In this light, responding to climate change challenges might as well drive forward the necessity to move towards fully "Integrated Water Resources Management" (IWRM).

5.3. MANAGING UNCERTAINTY. TOWARDS PROBABILISTIC APPROACHES

As already stated in this guide, the arbitrary selection of one or two GCMs can lead to confounding results and conclusion, with no handy or even misleading use for decision-makers at the end. Examination of multiple scenarios (multi model, multi GHG emission scenario) can thus provide bounds of future possibilities. It shall be noted that probabilities cannot be formally associated to either GHG emissions scenarios or GCM output scenarios.

However, as mentioned in the IPCC guidelines for climate impact studies (IPCC, 1999), there are ways to account for uncertainty associated with climate change projections, which can provide a more comprehensive evaluation of risks. In particular, Jones (2000) developed an interesting statistical method, inspired from surrogate model or response surface statistical concept (De Rocquigny et al., 2008), and based on 3 major steps conceptually summarized and described on Figure 5.3:

1. Establish the intrinsic climatic sensitivity of the water resources system of concern, through appropriate risk indicators α (see chapter 3), to arbitrary incremental changes in air climatic parameters (temperature ΔT and precipitation ΔP). Practically, the response of risk indicators α to constant arbitrary ΔT and ΔP changes can be plotted as shown by schematic α-isolines on Figure 5.3. As ΔT is increasing, or as ΔP is decreasing, risk indicator α is usually increasing.

2. Estimate the likelihood or probability density function (pdf) of these ΔT and ΔP changes at the time horizon of interest, by post-processing outputs from GCM scenarios to calculate a rough estimation of ΔT and ΔP pdf's, simply assuming that each climate scenario is equiprobably "wrong" and granting each GCM scenario with a similar uniform weight. A schematic distribution of such a calculated (ΔT, ΔP) pdf is plotted in shaded pink circles on Figure 5.3.

3. Combiner la cartographie de la réponse au risque (étape 1) et l'estimation de densité de probabilité PDF pour ΔT et ΔP (étape 2) pour calculer la probabilité qu'un seuil de risque donné puisse être dépassé à un horizon de temps donné. Par exemple, lorsqu'on considère un seuil d'indicateur de risque α_2 sur la figure 5.3, il est possible d'évaluer la probabilité d'occurrence climatique que ce seuil soit dépassé à un horizon temporel donné, en calculant l'intégrale des courbes PDF sur le domaine bleu hachuré délimité par α_2. L'analyse de toute la gamme de valeurs de risque permet d'évaluer toute une gamme de niveau de risques.

En règle générale, cette approche peut mener à un résultat final tel que décrit à la figure 5.4 de Jones (2000) : par exemple, d'ici 2030, la probabilité que l'indicateur de risque (ici, la probabilité annuelle qu'un niveau de production d'eau pour l'irrigation tombe sous un seuil critique) dépasse la valeur 20% est d'environ 5%; en 2070, le même niveau de risque affiche une probabilité augmentant à environ 80%.

Aelbrecht et al. (2007) ont testé cette approche sur le réservoir Navajo dans la région des "Four Corners" aux États-Unis, où l'équilibre entre les besoins d'irrigation, la production d'hydroélectricité et les besoins de refroidissement de centrale de production thermique en aval du réservoir, est déjà en tension dans des conditions sèches actuelles, et pourrait devenir encore plus difficile à garantir dans les conditions climatiques futures.

La difficulté ultime de ce type d'approche réside dans la capacité ou la possibilité pour les gestionnaires des ressources en eau de prendre des décisions fondées sur des critères probabilistes, qui ne sont pas encore facilement utilisés dans les pratiques de gestion des risques et la culture de gestion des ressources en eau.

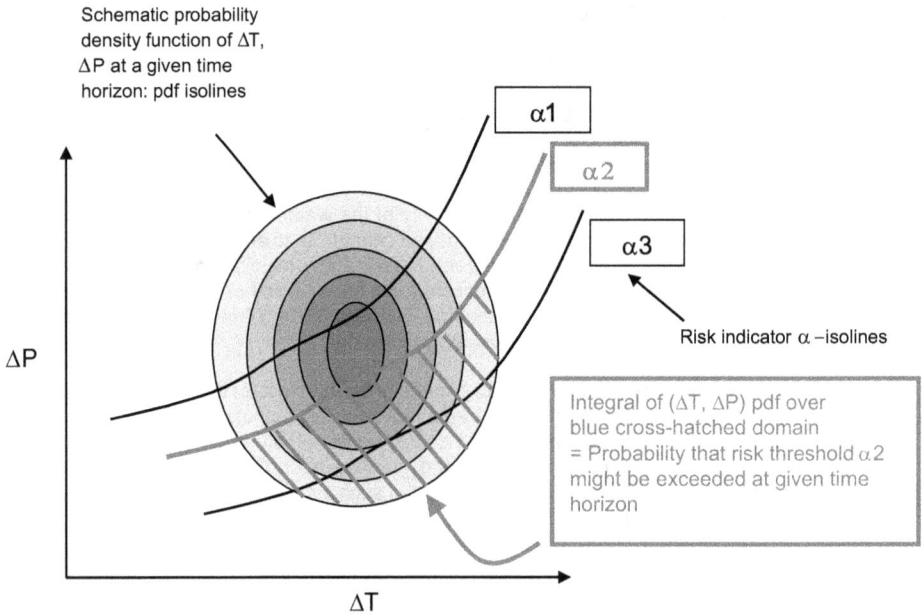

Fig. 5.3
Schéma d'estimation probabiliste du risque

3. Combine risk response mapping (step 1) and (ΔT, ΔP) pdf estimation (step 2), to calculate the probability that a given risk threshold might be exceeded at the given time horizon. For example, when considering a risk indicator threshold α2 on Figure 5.3, it is possible to evaluate the climate occurrence probability that this threshold would be exceeded at the given time horizon, by calculating the integral of pdf curves over the blue cross-hatched domain delineated by α2 risk isoline. Scanning the whole range of risk α value allows to assessing an entire risk range.

Typically, this approach can lead to a final output as described on Figure 5.4 from Jones (2000): by 2030, the probability that the risk indicator (here, the annual likelihood that a water farm cap for irrigation falls below a critical threshold) exceeds the value 20% is about 5%; by 2070, the same risk level has a probability which grows at about 80%.

Aelbrecht et al. (2007) tested this approach to the Navajo reservoir in the 4-corner region in the USA, where balance between irrigation needs, hydropower generation and cooling needs downstream the reservoir, is already currently challenged in dry conditions, and might become even more difficult to guarantee in future climate conditions.

The ultimate difficulty in this kind of approach remains in the capacity or possibility of water resources managers for making decisions based on probabilistic criteria, which are maybe not in use in water resources risk assessment and management culture.

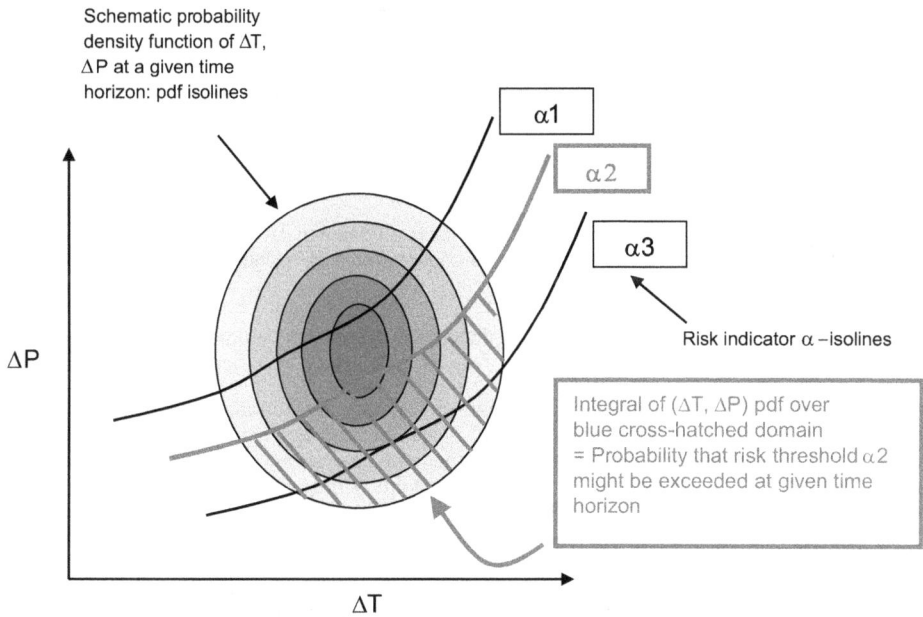

Fig. 5.3
Probabilistic risk estimation schematic diagram

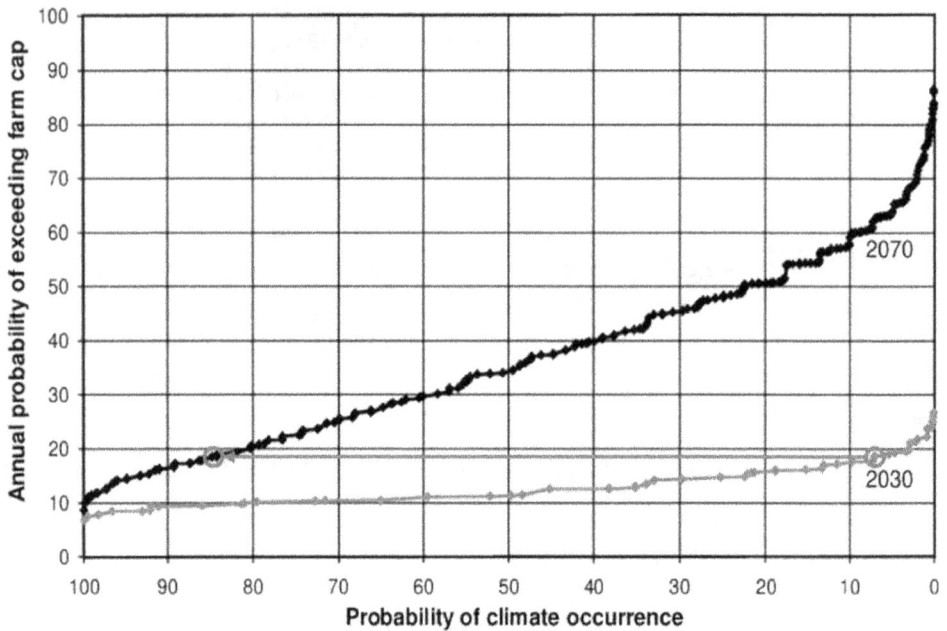

Fig. 5.4
Exemple de résultats d'analyse probabiliste (tiré de Jones, 2000)

5.4. EXEMPLES D'ANALYSE DE L'IMPACT RÉGIONAL SUR LE CLIMAT

Cette section fournit quelques exemples choisis où des simulations de modèles climatiques ont été utilisées pour produire des scénarios de changements climatiques aux fins d'analyse des impacts régionaux.

Exemple 1 : L'évaluation des crues de dimensionnement des barrages tient-elle compte des changements climatiques? - Suède

En collaboration avec l'Autorité nationale de sécurité des barrages (SVK) avec l'Institut suédois de météorologie et d'hydrologie (SMHI) et des acteurs de l'industrie de l'hydroélectricité et des mines, les critères de crue de dimensionnement des barrages ont été revus pour 1001 bassins hydrographiques dans toute la Suède. 11 bassins à risque élevé ont été étudiés plus en détail en utilisant 16 scénarios de modèles climatiques régionaux pour deux horizons futurs (2050, 2100). Les scénarios ont été corrigés pour s'intégrer harmonieusement à un modèle hydrologique afin d'obtenir des scénarios d'écoulement futurs. L'analyse a révélé que la diminution des futures inondations correspondait à une diminution des accumulations de neige et à des taux plus élevés d'évapotranspiration dans un climat plus chaud. Toutefois, on a constaté une augmentation du volume des crues nominales dans le sud de la Suède, où les projections climatiques sont dominées par une forte augmentation des précipitations (Bergström et al. 2012)

Exemple 2 : Les impacts des changements climatiques sont-ils suffisamment significatifs pour être pris en compte dans la rénovation des aménagements de production d'hydroélectricité? – Québec, Canada

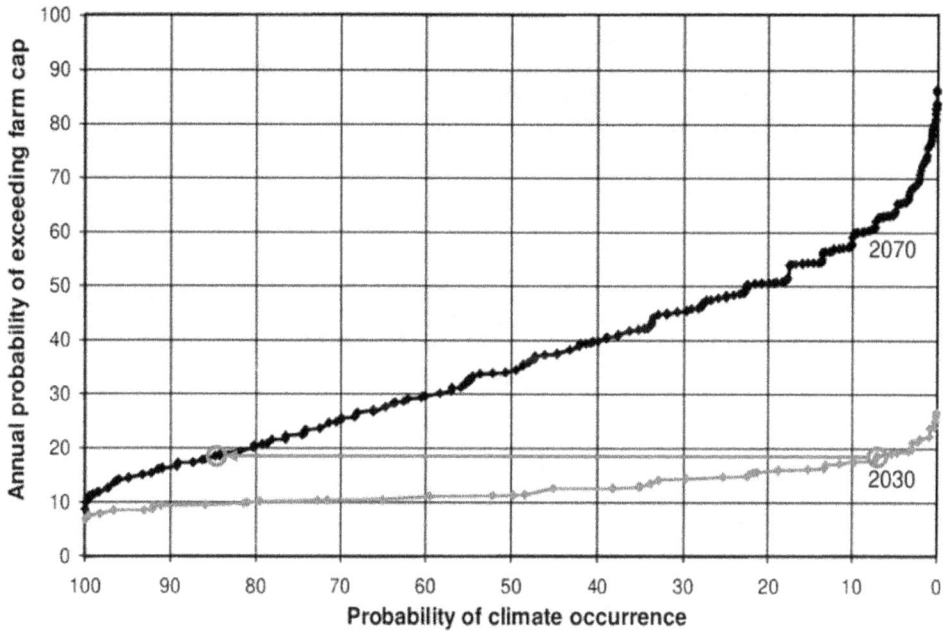

Fig. 5.4
Example of probabilistic analysis output (from Jones, 2000)

5.4.   EXAMPLES OF REGIONAL CLIMATE IMPACT ANALYSIS

This section lists selected examples where climate model simulations were used to produce climate change scenarios for regional impact analysis.

Example 1: Does assessment of design floods for dams hold in a changing climate? – Sweden

In a collaboration of the national dam safety authority (SVK, Swedish National Grid Agency) with the Swedish Meteorological and Hydrological Institute (SMHI) and players in the hydro and mining industry, design flows were revisited for 1001 watersheds throughout Sweden. The basins of 11 high hazard risk basins were studied in more detail by employing 16 scenarios from regional climate models for two future time horizons (2050, 2100). The scenarios were bias corrected to integrate seamlessly with a hydrological model to obtain future stream flow scenarios. Analysis revealed that decreases in future floods corresponded to decreasing design snowpacks and higher rates of evapotranspiration in a warmer climate. However, an increase in design floods volume was found in southern Sweden, where climate projections are dominated by a large increase in precipitation (Bergström, et al. 2012)

Example 2: Are climate change impacts large enough to be considered in the refurbishment of hydro power generation equipment? – Québec, Canada

Après plusieurs décennies d'exploitation, les installations des centrales hydroélectriques sont régulièrement rénovées pour un fonctionnement et une sécurité optima. Ces modifications ont un horizon de planification de plusieurs décennies. Les effets de l'augmentation des concentrations de gaz à effet de serre dans l'atmosphère sont très susceptibles d'avoir une incidence sur les régimes hydrologiques futurs à cette échelle, particulièrement dans les régions du nord du Québec. La Direction opérationnelle d'Hydro-Québec a donc entrepris une étude coûts-avantages pour déterminer si les impacts économiques des changements dans le cycle hydrologique de leurs bassins hydrographiques exigeaient une prise en compte des impacts des changements climatiques à long terme. En collaboration avec le Consortium Ouranos sur la climatologie régionale et l'adaptation aux changements climatiques, une étude a été menée pour 10 bassins versants du nord du Québec. Au total, 81 scénarios climatiques provenant d'un ensemble de modèles multiples ont été utilisés. L'analyse couvre l'incertitude liée à l'imperfection du modèle climatique, à la variabilité du climat naturel, aux scénarios d'émissions de gaz à effet de serre, et intègre différentes approches de post-traitement. Le modèle hydrologique opérationnel du centre de recherche d'Hydro-Québec a été alimenté avec les scénarios climatiques pour produire les futurs scénarios d'écoulement des rivières. Les 81 scénarios ont dû être davantage filtrés afin de sélectionner des scénarios qui puissent être intégrés dans un processus décisionnel. À cette fin, une approche d'ensemble a été utilisée pour combiner plusieurs critères hydrologiques et économiques essentiels à la planification de l'exploitation. Cette approche a permis de transmettre avec succès la prise en compte de l'incertitude climatique dans le processus décisionnel. Les résultats ont montré que, dans la région d'intérêt, les impacts des changements climatiques sont d'une ampleur suffisante pour appeler à une évaluation plus approfondie des changements de régimes hydrologiques. (Braun et al., 2013).

Exemple 3 : Un système de transfert d'eau peut-il être géré dans les conditions de changements climatiques? - Bavière, Allemagne

Un système de transfert d'eau composé de multiples réservoirs, de stations de pompage et de contraintes d'écoulement est utilisé pour maintenir des débits minimaux définis dans le système fluvial de la rivière Main (plus sèche) en transférant l'eau depuis le système fluvial (plus humide) du Danube. Les intérêts des différentes parties-prenantes sont pris en compte : une centrale électrique qui nécessite de l'eau de refroidissement, du tourisme et des activités récréatives qui dépendent du niveau d'eau des réservoirs, les capacités de pompage, les débits minimaux à maintenir pour des raisons écologiques dans les deux cours d'eau et les eaux transférées entre Main & Danube. Afin d'évaluer les impacts du changement climatique sur ce système complexe, trois simulations à partir d'un modèle climatique régional ont été utilisées pour piloter un modèle hydrologique afin de simuler les apports d'eau actuels et futurs dans le système. La gestion complexe du système, qui doit tenir compte des divers intérêts en jeu, s'est appuyée sur un logiciel de gestion fondé sur la logique floue. La combinaison des sorties du modèle climatique, des résultats du modèle hydrologique et du modèle du système de transfert d'eau a permis d'évaluer l'augmentation des situations de stress hydrique en automne et d'évaluer les options d'adaptation en modélisant divers cas d'utilisation du système (Schmid et al. 2012).

Exemple 4 : L'impact du changement climatique sur les débits des rivières d'Asie orientale associé aux pluies diluviennes est-il évalué sur la base d'une simulation climatique à haute résolution? - Japon

L'un des principaux enjeux de l'impact du changement climatique au Japon est l'évolution des précipitations en termes d'intensité, de quantité et de durée. Étant donné que les épisodes de fortes précipitations se produisent souvent dans une étroite bande de pluie associée à la mousson estivale de l'Asie orientale, son évolution potentielle est l'aspect clé des changements futurs des précipitations. Cette bande de pluie ne peut être résolue dans un GCM couplé atmosphère-océan conventionnel, utilisé pour les projections climatiques futures. Parmi les moyens d'obtenir des résolutions suffisantes, l'Agence météorologique du Japon et l'Institut de recherche météorologique ont développé conjointement un jeu de simulations climatiques à tranches temporelles utilisant un modèle GCM à résolution extrêmement élevée (taille de la grille de 20 km), forcé par les températures de surface de la mer prescrites comme conditions limites (Kusunoki et al., 2011). L'impact du changement climatique sur les débits dans les rivières a été analysé en injectant les données de projection climatique futures à haute résolution dans un modèle distribué pluie-débit (Tachikawa et al., 2011), qui produit des données de ruissellement au pas horaire à haute résolution sur les bassins hydrographiques japonais, avec une résolution de 1 km. En conséquence, des changements dans le maximum annuel de débit horaire ont été clairement détectés. L'ampleur et le signe des changements varient d'une région à l'autre, et dépendent des évolutions des précipitations estivales locales, et de la tendance à la diminution de l'écoulement induit par la fonte du manteau neigeux.

After several decades of operation hydro power station installations routinely undergo refurbishment for optimal operation and safety. However, such effort in turn has a multi-decade planning horizon. The effects of increasing greenhouse gas concentrations in the atmosphere are very likely to affect future hydrological regimes at that time scale, particularly in northern regions of Québec. The operational management of Hydro Québec therefore initiated a cost benefit study to establish whether economic impacts of changes in the hydrological cycle of their dammed watersheds called for a consideration of climate change impacts in long term planning routines. In collaboration with the Ouranos Consortium on regional climatology and adaptation to climate change a study was conducted for 10 watersheds in northern Québec. A total of 81 climate scenarios from a multi model ensemble were employed. The ensemble covers the uncertainty from climate model imperfection, natural climate variability, greenhouse gas emission scenarios and different approaches of post processing. The operational hydrological model of Hydro Québec's research centre was fed with the climate scenarios to produce future stream flow scenarios. The 81 scenarios had to be further filtered in order to select a set of scenarios that could adequately be integrated in a decision-making process. To this end, a cluster analysis approach was used to combine multiple hydrological and economic criteria critical to operation planning. The approach successfully conveyed the consideration of climate uncertainty in the decision-making process. The results showed that in the region of interest climate change impacts are at a magnitude that calls for more in depth and site-specific assessment of changes on hydrological regimes. (Braun et al., 2013)

Example 3: Can a water transfer system be managed under climate change conditions? - Bavaria, Germany

A water transfer system composed of multiple reservoirs, pumping stations and river flow constraints is used to maintain defined minimum flows in the (dryer) Main River system by transferring water from the (wetter) Danube River system. Multiple interest of various stakeholders are involved: a power plant that requires cooling water, tourism and recreational activities that depend on water levels of the reservoirs, pumping capacities, minimal flows to be maintained for ecological reasons in two rivers and the additional waters transferred by the Main-Danube water way. In order to assess climate change impacts on this complex system, three simulations from a regional climate model were used to drive a hydrological model to simulate present and future water inputs to the system. The complex water management of the system that needs to take into account the various interests involved was addressed by developing a fuzzy logic-based management software. The combination of climate model output, hydrological model results and the water transfer system model allowed to assess the increase in water stress situations in autumn and evaluate adaptation options by modeling various use cases of the system (Schmid et al. 2012).

Example 4: Is the impact of climate change on river discharge associated with the East Asian rain band assessed based on a high-resolution climate simulation? - Japan

One of the main issues of climate change impact in Japan is changes in precipitation in terms of intensity, amount, and duration. Since heavy precipitation events often occur in a narrow rain band associated with the East Asian summer monsoon, its modulation is the key aspect of future precipitation changes. This rain band cannot be resolved in a conventional coupled atmosphere-ocean GCM, used for future climate projection. As one of the ways to obtain sufficient resolutions, the Japan Meteorological Agency and the Meteorological Research Institute jointly developed a framework of time-slice climate experiments using an extremely high-resolution (grid size of 20 km) atmosphere GCM, driven by prescribed sea surface temperatures as boundary conditions (Kusunoki et al., 2011). The impact of climate change on river discharge was analyzed by feeding future climate projection data from the time-slice experiments into a distributed rainfall-runoff model (Tachikawa et al., 2011), which produces downscaled hourly runoff data over complex Japan river basins with a resolution of 1 km. In this result changes in the annual maximum of hourly runoff were clearly detected under a future climate scenario. The magnitude and sign of the changes are different from regions to regions, depending on local changes in summer rainfall and the tendency of decrease in snowmelt runoff.

6.   LE CLIMAT EST L'UN DES FACTEURS D'IMPACT... MAIS PAS LE SEUL

Le climat n'est que l'un des facteurs d'influence du changement dans les ressources en eau mondiales. Des facteurs socio-économiques pourront avoir autant, parfois plus, d'impact sur les ressources en eau que les changements climatiques. Le facteur socio-économique le plus important est certainement la croissance de la population mondiale. Il y a une quantité limitée d'eau douce disponible et son utilisation devra être maximisée en prenant en considération toutes les utilisations pour l'eau douce, y compris la protection de l'environnement.

6.1.   ÉVOLUTION DÉMOGRAPHIQUE

La population mondiale globale augmente, même si certaines parties du monde ont des populations stables et les besoins en eau ne sont pas aussi importants. La croissance des populations dans les basses latitudes ne fait que s'ajouter aux préoccupations futures concernant les ressources en eau disponibles pour l'utilisation humaine directe, la production d'énergie et l'alimentation. Plus de stockage sera certainement nécessaire, mais y aura-t-il suffisamment d'apports possibles même si le stockage est disponible? Ce sont des préoccupations régionales qui doivent être prises en compte et traitées. Dans les latitudes plus élevées avec des populations croissantes, le besoin de plus d'eau peut probablement être résolu. Cependant, le souci dans ces latitudes plus élevées est que la nouvelle population s'installera dans les zones inondables sujettes à de plus grandes inondations. Cette question doit être considérée et traitée.

6.2.   ÉVOLUTION TECHNOLOGIQUE

Les progrès technologiques peuvent réduire les besoins en eau, ou augmenter les besoins, ou encore aider à mieux gérer et à maximiser l'efficacité de l'utilisation des ressources existantes et par exemple rendre l'eau non potable utilisable.

Les développements technologiques ont considérablement réduit la quantité d'eau nécessaire pour les cultures vivrières en réduisant les pertes dans le système. Il y a deux exemples significatifs :

- Le développement par des bioingénieurs de variétés de cultures de base plus tolérante à la sécheresse;

- Et l'utilisation de systèmes d'irrigation qui fournit de l'eau aux cultures lorsque cela est strictement nécessaire au lieu de technique d'inondation plus traditionnelles des cultures.

À mesure que les besoins en eau augmentent, tous les utilisateurs d'eau doivent évaluer les pertes dans leurs systèmes et utiliser les technologies les plus innovantes pour réduire les pertes.

Les technologies peuvent également accroitre les besoins en eau. Un exemple est celui du développement de forme d'énergie où les nouvelles technologies permettent la fracturation de formations géologiques contenant du pétrole et du gaz.

Les progrès dans l'analyse des données hydrométéorologiques, associés à la capacité d'analyse des systèmes de modélisation et de traitement des données modernes, pourront aider les professionnels à mieux gérer les ressources en eau disponibles.

Un dernier exemple de la façon dont la technologie influe sur l'approvisionnement en eau est l'amélioration du traitement de l'eau. Le coût économique du traitement et de l'utilisation de l'eau non potable diminue. Cela rend la réutilisation des eaux usées et l'utilisation de l'eau saumâtre / eau de mer plus accessible pour augmenter les ressources en eau exploitables.

6. CLIMATE IS ONE OF THE DRIVERS... AMONG OTHER

Climate is just one of the drivers for change in the world's water resources. Socio-economic drivers will have as much if not more impact on water resources than climate changes. The most significant socio-economic driver is a growing world population. There is a finite amount of fresh water available, and its use will have to be maximized taking into consideration all the uses for fresh water including protecting the environment.

6.1. DEMOGRAPHY EVOLUTION

The world population is increasing. However, some parts of the world have stable populations and the needs for more water are not as great. Growing populations in lower latitudes just add to the future concerns about available water supplies for direct human use, energy production and food production. More storage is needed, but are there enough supplies available even if storage is available? These are regional concerns that must be considered and addressed. In higher latitudes with growing populations, the need for more water can probably be addressed. However, the concern in these higher latitudes is will the new population settle in areas prone to flooding by larger floods. This must be considered and addressed.

6.2. TECHNOLOGY EVOLUTION

Technology advances can reduce the need for water, increase the need, help better manage and maximize the efficient use of existing supplies, and make non-potable water usable.

Technology developments have greatly reduced the amount of water needed to grow food crops by reducing the waste in the system. There are two significant examples:

- Development by bioengineers of more droughts tolerate varieties of basic crops and

- Use of irrigation systems that apply water to the crops when needed instead of the more traditional flooding of crops.

As the need for water grows, all water users need to assess the waste in their systems and use technology to reduce the waste.

Technology can also increase water usage as more water is used. A great example is in energy development where new technologies allow fracking, fracturing of formations containing oil and gas, to obtain these energy sources from formations where only limited supplies could previously be obtained.

The advances in data recovery on actual precipitation and runoff coupled with the analytical capacity of modern computer systems helps water resources professionals better manage the available water supplies.

A last example of how technology impacts water supplies is in improvements to water treatment. The economic cost of treating and using non-potable water is decreasing. This is making reuse of wastewater and use of brackish / sea water for water supplies more common.

6.3. ÉVOLUTION SOCIALE ET RÉGLEMENTAIRE

L'évolution sociale et réglementaire modifie la façon dont les ressources en eau sont perçues et gérées. Historiquement, si un besoin était économique, le développement des ressources en eau pouvait être justifié. Aujourd'hui, les besoins globaux de la société doivent être pris en compte et, souvent, ces besoins sont beaucoup plus difficiles à quantifier économiquement. Cela peut conduire à des malentendus et à moins de confiance. Les besoins de la société diffèrent d'une région à l'autre, et doivent être traités sur une base régionale. Les planificateurs des ressources en eau doivent comprendre et répondre à ces besoins.

Les changements réglementaires sont impulsés par les gouvernements qui tentent de répondre aux besoins de la société. Des changements réglementaires sont nécessaires, mais ils doivent être entrepris de manière à maximiser les ressources en eau globales et à répondre à tous les besoins, et pas seulement un besoin au détriment d'un autre. De toute évidence, les changements réglementaires doivent être traités sur une base régionale nécessitant une coopération entre les gouvernements locaux, régionaux et nationaux ainsi que la coopération entre les gouvernements nationaux. À mesure que l'eau se raréfie, le besoin de coopération augmente, mais le potentiel d'approches 'protectionnistes' augmente également. La résolution de ce (vieux) dilemme dépasse le cadre de ce document.

6.4. FACTEURS ÉCONOMIQUES

Les facteurs économiques déterminent les besoins et l'utilisation de l'eau. Le besoin mondial de plus d'énergie implique le besoin d'eau pour produire cette énergie (hydroélectricité, production thermoélectrique, et dans certains pays un besoin plus récent de fracturation pour extraire le pétrole et le gaz). Cela doit être pris en considération par les planificateurs de l'eau tout comme d'autres besoins sont pris en compte.

En outre, les économies plus riches ont tendance à utiliser plus d'eau. L'utilisation de nouvelles technologies pour changer cette tendance est nécessaire pour aider la société à répondre aux besoins futurs en eau. Il n'y a aucune raison pour que les économies plus riches ne puissent inverser cette tendance et rendre l'eau accessible à leurs voisins moins fortunés.

6.5. SÉDIMENTATION

La sédimentation dans les réservoirs fait l'objet de plusieurs bulletins de la CIGB, de questions lors des Congrès de la CIGB et le comité technique de la CIGB prépare actuellement un nouveau bulletin sur le sujet. En résumé, la sédimentation a un impact très progressif et complexe sur la capacité de stockage de l'eau dans les réservoirs existants. Chaque année, il y a une perte incrémentale de capacité nette de stockage. Cependant, sur une période de plusieurs années, l'impact devient significatif. La Figure 7.9 (Annandale, 2013- voir les références du chapitre 7) montre l'impact de la sédimentation sur le stockage des réservoirs à l'échelle mondiale. C'est encore plus dramatique en raison de la diminution du nombre de nouveaux réservoirs créés depuis les années 1980. Les planificateurs des ressources en eau doivent prendre en considération la sédimentation et envisager des mesures pour réduire la quantité de sédiments aussi bien dans les nouveaux réservoirs que dans ceux existants.

6.3.   SOCIAL AND REGULATORY EVOLUTION

Social and regulatory evolution is changing the way water resources are perceived and managed. Historically, if a need was economical, water resources development could be justified. Today, society's overall needs must be considered and many times these needs are much harder to quantify. This leads to misunderstanding and less trust. Society's needs differ regionally and can only be addressed on a regional basis. Water resources planners need to understand and address these needs.

Regulatory changes are driven by governments trying to accommodate society's needs. Regulatory changes are needed, but they must be undertaken in such a way as to maximize the overall water resources and meet all of the needs, not just one need at the cost of another. Obviously, regulatory changes must be addressed on a regional basis requiring cooperation between local, regional, and national governments as well as cooperation between national governments. As water grows scarcer the need for cooperation increases, but the potential for protectionist approaches increases. How to resolve this age-old dilemma is beyond the scope of this document.

6.4.   ECONOMIC FACTORS

Economic factors drive water needs and usage. The worldwide need for more energy requires the need for water to produce that energy (hydropower, steam electric, and the newer need for fracking to extract oil and gas) grows. This must be taken into consideration by water planners just as other needs are considered. This water – energy nexus is well documented.

In addition, richer economies tend to use more water. The use of technology to change this trend will help society meet future water needs. There is no reason why richer economies cannot reverse this trend and make water available to their less fortunate neighbors.

6.5.   SEDIMENTATION

The deposit of sediment in water supply reservoirs has been the subject of an ICOLD Bulletin, an ICOLD Congress question, and a current ICOLD Technical Committee is preparing a new bulletin on the subject. In summary, sedimentation has a very progressive and subtle impact on water supply storage capacity in existing reservoirs. Annually, there is a small loss of storage and supply capacity. However, over a period of years the impact becomes significant. Figure 7.9 (from Annandale, 2013-see Chapter 7 references) shows the worldwide impact of sedimentation on reservoir storage. This is even more dramatic because of the decrease in the number of new reservoirs since the 1980" s. Water resource planners need to take sedimentation into consideration and consider measures to reduce the amount both in new and existing reservoirs.

7. POSSIBILITÉ DE NOUVEAUX STOCKAGES ET DE NOUVELLES RESSOURCES

7.1. INTRODUCTION

Les barrages sont construits pour réguler et stocker l'eau à des fins d'approvisionnement en eau douce et de production d'hydroélectricité. La taille d'un barrage et de son réservoir est déterminée par la demande en eau et en électricité, la fiabilité souhaitée de l'approvisionnement et les caractéristiques hydrologiques du débit fluvial. Le changement climatique aura principalement une incidence sur les caractéristiques hydrologiques du débit fluvial, ce qui, à son tour, aura une incidence sur la taille des barrages et l'ampleur des volumes des réservoirs.

L'impact du changement climatique sur la fiabilité de l'approvisionnement en eau douce et de l'hydroélectricité est considéré ici. Cela est conduit en soulignant les incertitudes liées aux changements climatiques et leur incidence sur la fiabilité de l'approvisionnement en eau et en électricité. Il est conclu que la meilleure façon de faire face à ces incertitudes est de planifier, de concevoir et de construire une infrastructure robuste, qui est caractérisée comme ayant la moindre sensibilité aux effets du changement climatique.

7.2. LE BESOIN EN NOUVELLES RÉSERVES D'EAU

Cette section souligne l'importance du développement des rivières pour un approvisionnement en eau douce durable (besoins domestique et d'irrigation) et la production d'électricité. La demande mondiale en eau peut être divisée en demande d'eau requise pour répondre aux besoins agricoles, domestiques (eau potable municipale) et industriels. Le plus grand utilisateur d'eau dans le monde est l'agriculture, qui utilise 70% de l'eau douce fournie. L'industrie utilise 19% de toute l'eau fournie et 11% est fournie à des fins domestiques.

Les sources d'eau

Les deux principales sources d'eau douce utilisées dans le monde sont les eaux souterraines et les eaux fluviales. Pour déterminer la source ayant le plus grand potentiel de développement durable, il faut tenir compte des taux d'utilisation et de reconstitution de ces ressources. Si le taux d'utilisation de l'eau est supérieur au taux de réapprovisionnement de la ressource, cela indique une utilisation non durable. Sinon, si le taux d'utilisation est inférieur au taux de réapprovisionnement, la ressource peut être développée de manière durable.

Un indicateur qui peut être utilisé pour quantifier le taux relatif de réapprovisionnement des sources d'eau douce est le temps de séjour de l'eau. Le temps de séjour est le temps qu'il faut pour qu'une goutte d'eau traverse une ressource. On estime que le temps de séjour moyen de toutes les eaux souterraines douces sur la terre est d'environ 1400 ans, tandis que le temps de séjour moyen des eaux fluviales est estimé à environ 16 à 18 jours (Shiklomanov et Rodda, 2003). En pratique, cela signifie que si l'on pouvait soudainement enlever toutes les eaux souterraines sur terre, il leur faudrait en moyenne 1 400 ans pour se rétablir. D'autre part, si l'on enlève soudainement toute l'eau de rivière sur terre, il faudra environ deux semaines pour la récupérer.

Le taux d'utilisation de l'eau est à peu près quotidien. Cela signifie que le risque d'utilisation non-durable des eaux souterraines est élevé. Dans le cas de l'eau de rivière, les taux d'utilisation et de réapprovisionnement sont à peu près les mêmes. Cela signifie que le potentiel de développement durable de l'eau de rivière est beaucoup plus grand que le potentiel de développement durable de l'eau souterraine.

7. OPPORTUNITIES FOR NEW STORAGE AND NEW RESOURCES MANAGEMENT

7.1. INTRODUCTION

Dams are constructed to regulate and store water for purposes of fresh water supply and hydropower generation. The size of a dam and its reservoir is determined by the demand for water and power, the desired reliability of supply, and the hydrologic characteristics of river flow. Climate change will principally affect the hydrologic characteristics of river flow, which in turn will affect the size of dams and the magnitude of reservoir volumes.

The impact of climate change on the reliability of fresh water supply and hydropower is considered. This is done by highlighting the uncertainties associated with climate change and how they will impact the reliability of water and power supply. It is concluded that the best way to deal with these uncertainties is to plan, design and construct robust infrastructure, which is characterized as having the least sensitivity to climate change effects.

7.2. THE NEED FOR RESERVOIRS

This section emphasizes the importance of developing rivers for sustained fresh water supply (domestic and irrigation) and power generation. Global demand for water can be divided into water demand required to satisfy agriculture, domestic (municipal) and industrial needs. The largest user of water, worldwide, is agriculture, which uses 70% of supplied fresh water. Industry uses 19% of all supplied water and 11% is provided for domestic use.

Water sources

The two principal sources of fresh water used worldwide are groundwater and river water. Identifying the source with the greatest potential for sustainable development requires consideration of the usage and replenishment rates of these resources. If the rate by which water may be used is greater than the replenishment rate of the resource, it indicates non-sustainable use. Alternatively, if the rate of usage is lower than the rate of replenishment the resource can be sustainably developed.

A proxy that can be used to quantify the relative rate of replenishment of fresh water sources is the residence time of water. Residence time is the time it takes for a drop of water to move through a resource. It is estimated that the average residence time for all fresh groundwater on earth is about 1,400 years, while the average residence time of river water is estimated at about 16 to 18 days (Shiklomanov & Rodda 2003). In practical terms, what this means is that if one were able to suddenly remove all fresh groundwater on earth, it will take about 1,400 years on average to recover. On the other hand, should one suddenly remove all river water on earth, it will take about two weeks to recover.

The usage rate for water is roughly on a daily basis. What this means is that the potential to non-sustainably use groundwater is high. In the case of river water, the usage and replenishment rates are roughly the same. It means that the potential to sustainably develop river water is much greater than the potential to sustainably develop groundwater.

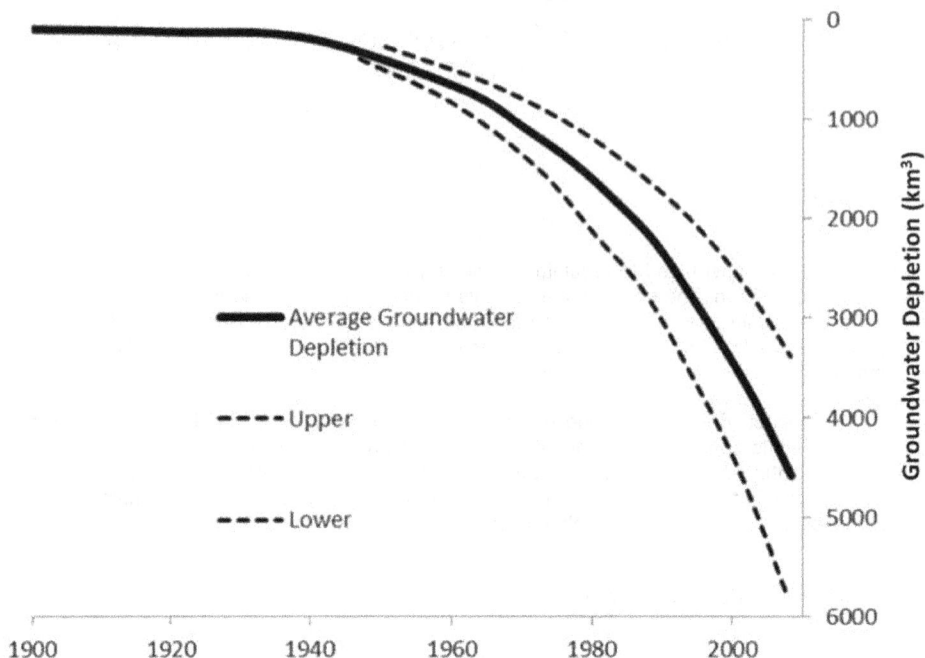

Fig. 7.1
Réduction mondiale des ressources aquifères (d'après données de Konikow 2011)

Cette évaluation de haut niveau du risque d'utilisation non durable des eaux souterraines est confirmée par l'expérience. La Figure 7.1 présente une estimation de l'épuisement global des eaux souterraines depuis 1900, indiquant un épuisement total d'environ 4 500 km^3; un volume qui est approximativement égal à la capacité de stockage net de tous les grands réservoirs artificiels sur terre. Des recherches récentes de Gleeson et al. (2012) confirment cette tendance, indiquant que 3,5 fois plus d'eaux souterraines sont utilisées dans le monde que ce qui est naturellement réapprovisionné. Il convient néanmoins de noter que certaines conditions locales propres à un site donné peuvent favoriser les eaux souterraines dans les cas où le taux de réapprovisionnement est à peu près égal au taux d'utilisation, en moyenne.

Il convient donc de considérer l'eau de rivière comme la source privilégiée d'eau douce. L'un des principaux facteurs à prendre en considération dans le développement des eaux fluviales est le fait que le débit des rivières varie d'une saison à l'autre et, dans bien des cas, d'une année à l'autre. Cette variabilité signifie que la quantité d'eau nécessaire à l'utilisation peut ne pas toujours être facilement disponible, à moins que des quantités excessives d'eau survenant pendant les régimes de débit élevé ou même les inondations ne soient temporairement stockées pour utilisation lorsque le débit fluvial est faible.

Hydroélectricité

L'hydroélectricité est l'un des moyens les plus rentables de produire de l'énergie, et de loin l'une des sources d'énergie les moins émettrices en gaz à effet de serre. La Figure 7.2.a compare le retour sur investissement énergétique, qui est le rapport entre la production d'énergie pendant la durée de vie d'un système et la quantité d'énergie investie pour développer et exploiter ce système, pour diverses technologies de production d'énergie. Il indique que le ratio de retour sur investissement énergétique de l'hydroélectricité est généralement beaucoup plus élevé que celui des technologies concurrentes. Figure 7.2.b

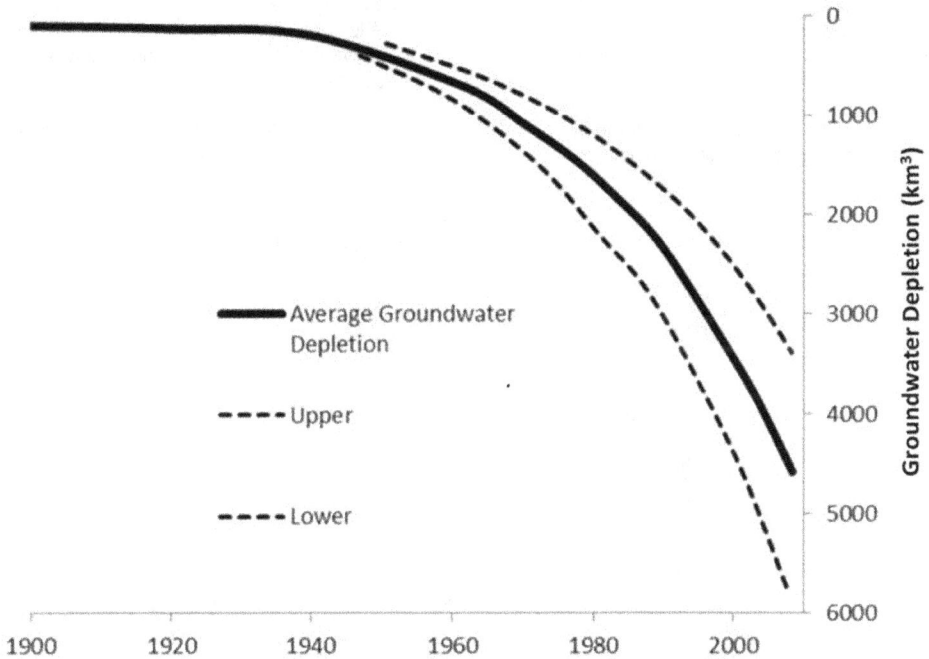

Fig. 7.1
Global Groundwater Depletion (data from Konikow 2011)

This high-level assessment of the potential to non-sustainably use groundwater is confirmed by experience. Figure 7.1 presents an estimate of the global depletion of groundwater since 1900, indicating total depletion of about 4,500km^3; a volume that is roughly equal to the net storage space of all large manmade reservoirs on earth. Recent research by Gleeson et al. (2012) confirms this trend, indicating that 3.5 times more groundwater is used worldwide than what is naturally replenished. It is nevertheless noted that site specific conditions may favour groundwater in cases where the replenishment rate is roughly equal to the usage rate, on average.

Consideration of river water as the preferred source of fresh water is therefore in order. One of the main considerations when developing river water relates to the fact that flow in rivers vary between seasons and, in many cases, from year to year. This variability means that the amount of water that is required for use may not always be readily available unless excess amounts of waters occurring during high flow regimes or even floods are temporarily stored for use when river flow is low.

Hydropower

Hydropower is one of the most cost-effective means of generating energy, and by-far one of the less emitting power sources. Figure 7.2.a compares the payback ratio, which is the ratio between energy output and the amount of energy invested to develop a resource, for various energy generating options. It indicates that the energy payback ratio of hydropower is generally much larger than that of competing technologies. Figure 7.2.b

85

Le rapport coût-efficacité du développement hydroélectrique, ainsi que le fait qu'il génère de l'énergie propre, méritent d'être pris en considération, malgré le fait qu'il est reconnu que les barrages, en général, ont un impact sur les rivières. Ces incidences doivent être atténuées afin d'assurer une utilisation complète et efficace d'une énergie propre par essence.

Dans ce qui suit, il est démontré que les installations au fil de l'eau seront plus sensibles aux effets prévus des changements climatiques que les projets de stockage de réservoirs.

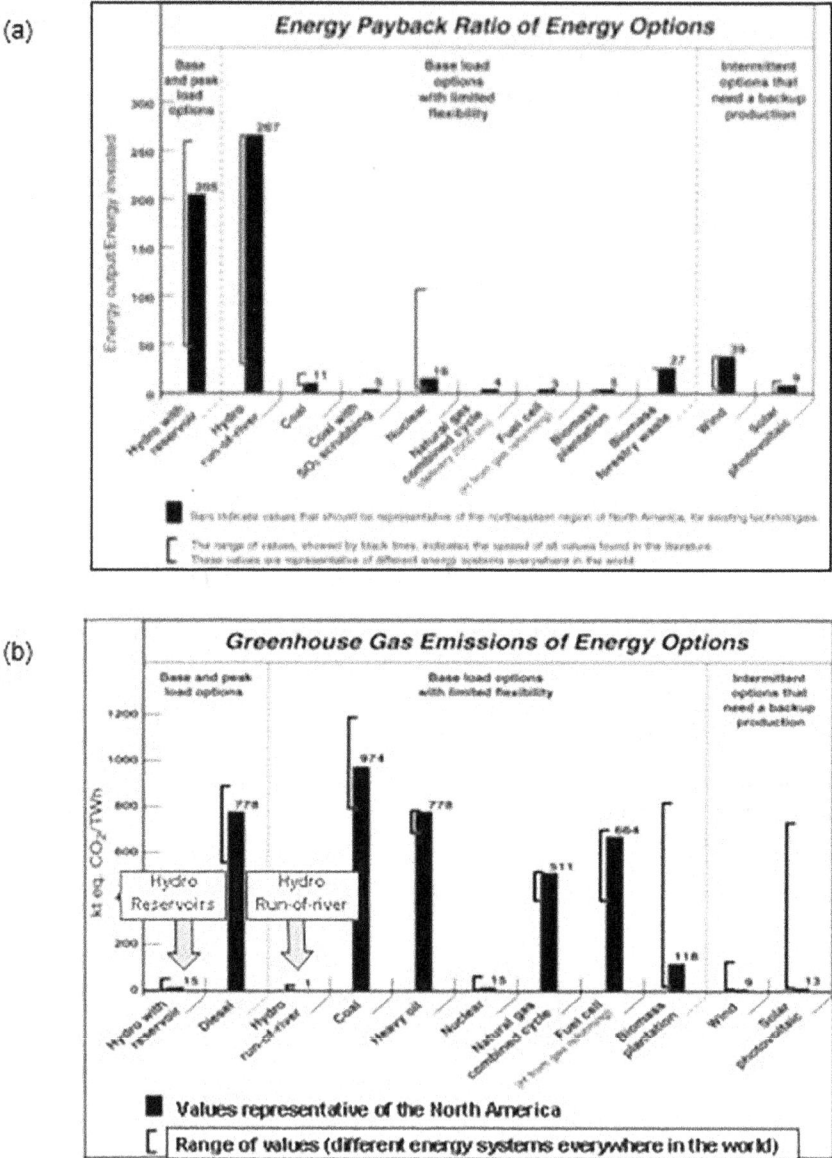

Fig. 7.2
(a) Retour sur investissement énergétique – Comparaison des différentes technologies
(b) Émissions de gaz à effet de serre – Comparaison des filières de production (IHA, 2003)

The cost-effectiveness of hydropower development, as well as the fact that it generates clean energy, merits consideration of its use; in spite of the fact that it is acknowledged that dams, in general, impact rivers. Such impacts should be mitigated to ensure full and effective use of clean energy.

In what follows it is demonstrated that run-of-river facilities will be more sensitive to the anticipated effects of climate change than reservoir storage projects.

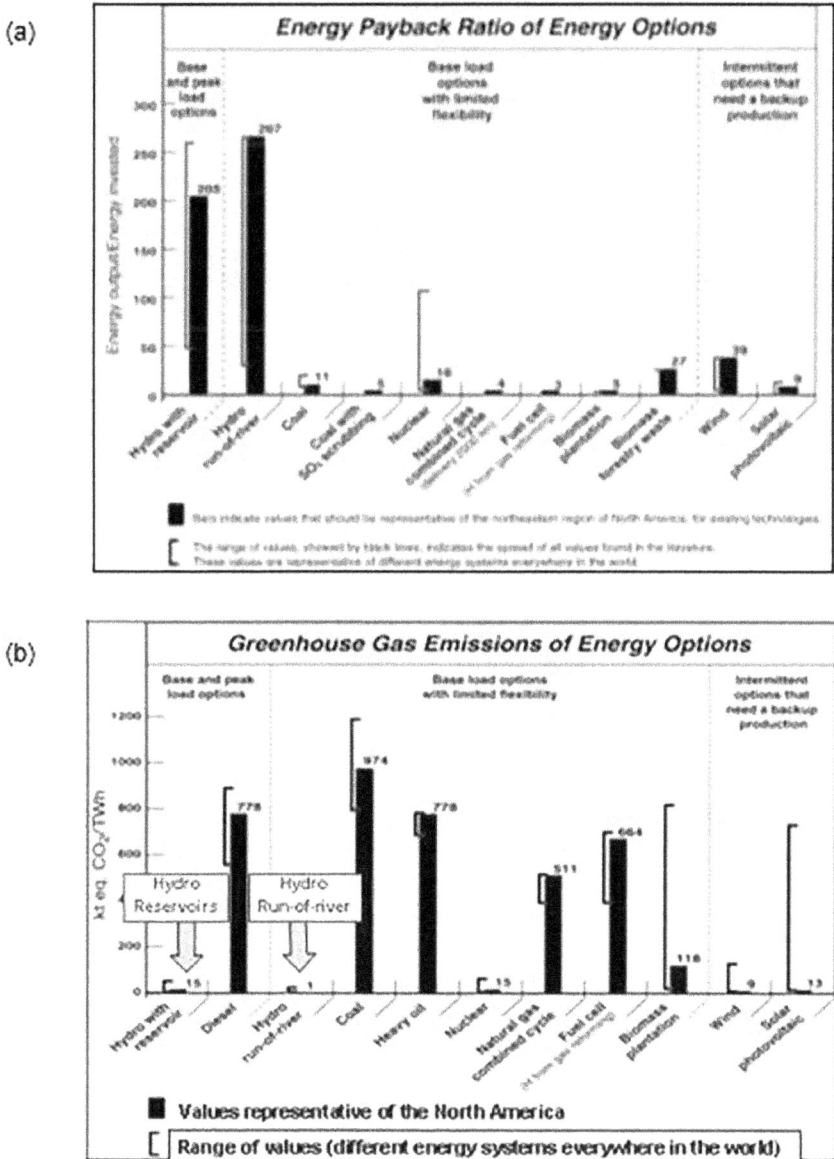

(a)

(b)

Fig. 7.2
(a) Energy payback ratio – Comparison among different power source options
(b) GHG emissions – Comparison among power generation options (IHA, 2003)

7.3. IMPACT DES CHANGEMENTS CLIMATIQUES SUR LE DÉBIT DES COURS D'EAU

Lorsqu'on examine l'impact du changement climatique sur la fiabilité de l'approvisionnement en eau et en électricité, il est nécessaire d'identifier les facteurs hydrologiques les plus importants. Une étude approfondie des caractéristiques du stockage par grand réservoir a révélé que les deux paramètres hydrologiques qui influent principalement sur la fiabilité du rendement sont le débit annuel moyen de la rivière et son coefficient de variation[2] (McMahon *et al.* 2007).

Bien que les changements prévus dans le débit moyen annuel des cours d'eau donnent une certaine indication de la façon dont l'approvisionnement en eau et en électricité pourrait être touché à l'échelle mondiale, ils ne donnent pas d'indication sur la façon avec laquelle la fiabilité de l'approvisionnement sera affectée. La réponse à cette question ne peut être abordée que si l'on sait comment le coefficient de variation du débit annuel peut changer. À cet égard, les climatologues semblent s'entendre généralement pour dire que la variabilité hydrologique (représentée par le coefficient annuel de variation du débit fluvial) augmentera avec le changement climatique. Bien qu'il existe certaines indications sur la façon dont le débit moyen dans les rivières pourrait changer Figure 7.3), il n'existe aucune quantification défendable de l'ampleur des augmentations de la variabilité hydrologique attribuables aux effets du changement climatique.

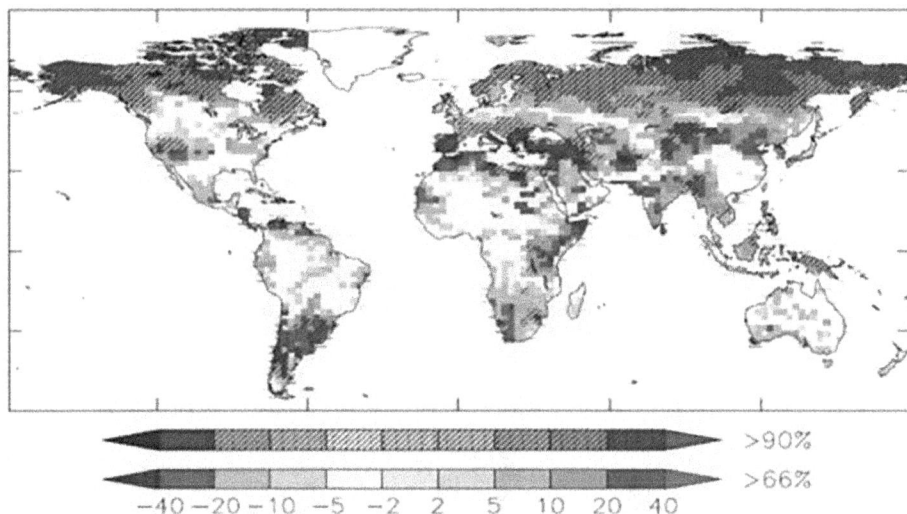

Fig. 7.3
Anticipation des possibles changements de débit moyen des rivières (d'après Bates et al. 2008).

7.4. IMPACT DES CHANGEMENTS CLIMATIQUES SUR LA FIABILITÉ D'APPROVISIONNEMENT

La sensibilité de la fiabilité de l'approvisionnement au changement climatique est d'abord illustrée sans l'utilisation du stockage. Par la suite, l'apport du stockage comme moyen de fournir une infrastructure robuste est démontrée.

---

2 le coefficient de variation du débit fluvial annuel est égal à l'écart-type du débit fluvial annuel divisé par le débit fluvial annuel moyen.

7.3. CLIMATE CHANGE IMPACTS ON STREAMFLOW

When considering the impact of climate change on the reliability of water and power supply it is necessary to identify the most important hydrologic factors. An in-depth study of the characteristics of carryover reservoir storage found that the two hydrologic parameters mostly affecting the reliability of yield are the mean annual river flow and its coefficient of variation [2] (McMahon *et al.* 2007).

Although the anticipated changes in mean annual river flow provide some indication of how water and power supply might be globally impacted, it does not provide an indication of how the reliability of supply will be affected. The answer to this question can only be addressed if it is known how the coefficient of variation of annual river flow might change. In this regard, general agreement appears to exist between climate scientists that the hydrologic variability (represented by the annual coefficient of variation of river flow) will increase as climate change proceeds. Although some indication exists of how the mean flow in rivers might change (Figure 7.3), no defensible quantification of the magnitude of increases in hydrologic variability due to the effects of climate change exists.

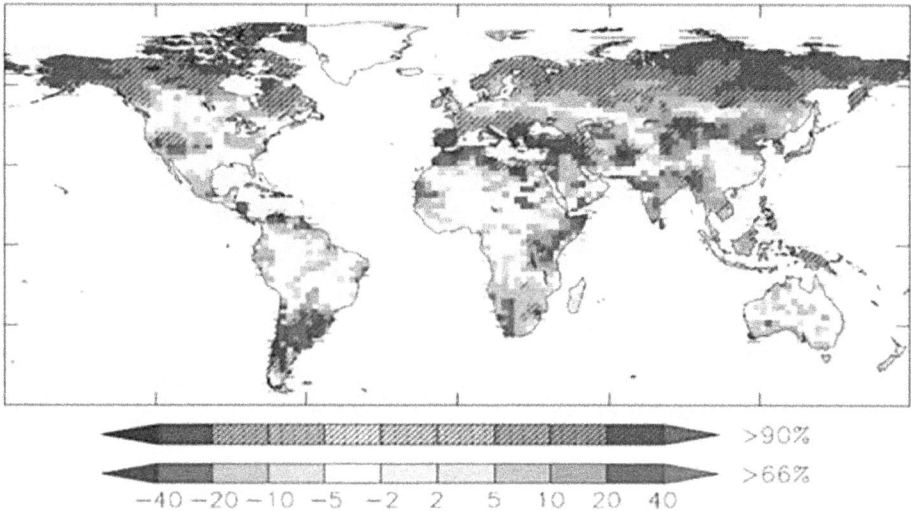

Fig. 7.3
Anticipated change in mean annual river flow (after Bates et al. 2008).

7.4. IMPACT OF CLIMATE CHANGE ON RELIABILITY OF SUPPLY

The sensitivity of supply reliability to climate change is first illustrated without the use of storage. Thereafter the value of storage as a means of providing robust infrastructure is demonstrated.

---

2 Coefficient of variation of annual river flow equals the standard deviation of annual river flow divided by the mean annual river flow.

7.4.1. Ruissellement au fil de l'eau

Approvisionnement en eau

La fiabilité de l'approvisionnement en eau des rivières est quantifiée par des courbes de débits classés. McMahon et al. (2007) ont conclu que la distribution gamma représente raisonnablement la probabilité d'occurrence de la grande majorité des débits annuels dans les rivières du monde entier. Pour la distribution de probabilité gamma, la quantité d'eau adimensionnelle α qui coule dans une rivière à probabilité p peut être exprimée comme suit :

$$\alpha = 1 + C_v \cdot z_{p\_g} \tag{1}$$

et (McMahon et al. 2007),

$$z_{p-g} = \frac{2}{\gamma}\left[\left\{1 + \frac{6}{\gamma}\left(z_p - \frac{\gamma}{6}\right)\right\}^3 - 1\right] \tag{2}$$

Où : $\propto\ = Q/\overline{Q}$ et z_{p_g} = écart-type de la distribution gamma; z_p = écart-type de la distribution normale (voir le Tableau 7.1 pour les valeurs sélectionnées); Cv = coefficient annuel de variation du débit (écart type divisé par le débit moyen); γ = paramètre de symétrie de la distribution (skewness)

La sensibilité des courbes débits classés aux effets du changement climatique peut être démontrée de manière satisfaisante en utilisant les équations (1) et (2). La sensibilité de la fiabilité de l'approvisionnement pour un faible coefficient de variation (0,2) et pour un coefficient de variation élevé (0,8) est illustrée à la Figure 7.4. La figure montre que la fiabilité de l'approvisionnement est très sensible au coefficient de variation du débit annuel en l'absence d'un barrage assurant le stockage de report.

Hydroélectricité

Une indication de la façon dont la production d'hydroélectricité au fil de l'eau peut, en moyenne, être affectée par le changement climatique est déterminée en multipliant le débit annuel associé à une fiabilité sélectionnée (d'après les équations (1) et (2)) et la tête H de la centrale, c.-à-d.

$$p = \eta \cdot \rho \cdot g \cdot \alpha \cdot \overline{Q} \cdot H \tag{3}$$

Où η = rendement de la centrale (-); g = accélération due à la gravité (m/s²); ρ = masse volumique de l'eau (kg/m³).

Il est conclu que la fiabilité de l'approvisionnement en électricité et en eau des installations au fil de l'eau est sensible aux augmentations de la variabilité hydrologique.

Table 7.1
Correspondance entre écart-type de la loi Normale et probabilité de défaillance

Zp	p
-2.33	1%
-1.64	5%
-1.28	10%
-0.84	20%

7.4.1. Run-of-river

Water Supply

The reliability of water supply in rivers is quantified with duration curves. McMahon et al. (2007) found that the Gamma distribution reasonably represents the probability of occurrence of the vast majority of annual flow volumes in rivers, worldwide. For the Gamma probability distribution, the dimensionless amount of water $_\alpha$ lowing in a river at probability p can be expressed as,

$$\alpha = 1 + C_v \cdot z_{p\_g} \tag{1}$$

and (McMahon et al. 2007),

$$z_{p-g} = \frac{2}{\gamma}\left[\left\{1 + \frac{6}{\gamma}\left(z_p - \frac{\gamma}{6}\right)\right\}^3 - 1\right] \tag{2}$$

Where $\propto = Q/\overline{Q}$ and z_{p_g} = standardized deviate of the Gamma distribution; z_p = standardized deviate of the Normal distribution (see Table 7.1 for selected values); C_v = annual coefficient of variation of flow (standard deviation divided by the mean flow); γ = skewness of the data.

The sensitivity of duration curves to the effects of climate change can be satisfactorily demonstrated by making use of Equations (1) and (2). The sensitivity of the reliability of supply for a low coefficient of variation (0.2) and for a high coefficient of variation (0.8) are shown in Figure 7.4. The figure shows that the reliability of supply is very sensitive to the coefficient of variation of annual streamflow in the absence of a dam providing carryover storage.

Hydropower

An indication of how run-of-river hydropower generation may, on average, be affected by climate change is determined by multiplying the annual flow associated with a selected reliability (from equations (1) and (2)) and the head H at the plant, i.e.

$$p = \eta \cdot \rho \cdot g \cdot \alpha \cdot \overline{Q} \cdot H \tag{3}$$

Where η = plant efficiency (-); g = acceleration due to gravity (m/s^2); ρ = volumic mass of water (kg/m^3).

It is concluded that the reliability of both power and water supply from run-of-river facilities is sensitive to increases in hydrologic variability.

Table 7.1
Relationship between the standardized deviate of the Normal distribution and probability of failure

Zp	p
-2.33	1%
-1.64	5%
-1.28	10%
-0.84	20%

Duration Curve

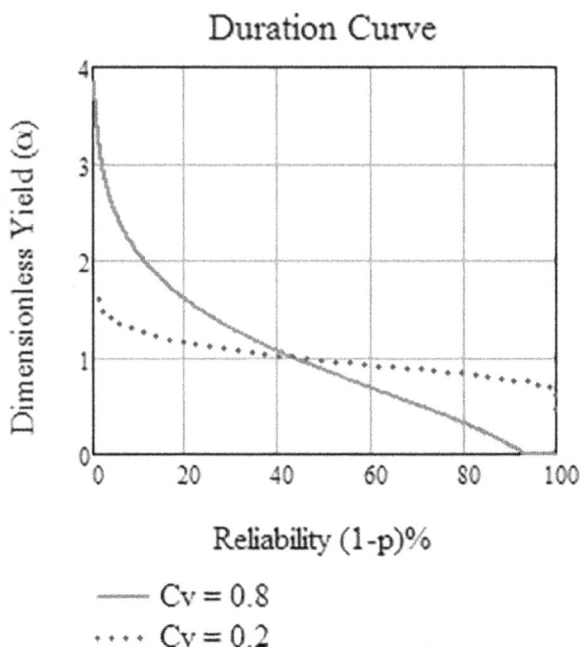

Fig. 7.4
Courbes de débit classé adimensionnelles pour 2 coefficients de variation (Annandale 2013)

7.4.2. *Apport du stockage*

Apports en eau

La fiabilité de l'approvisionnement en eau peut être accrue en fournissant une réserve de stockage. La sensibilité de la fiabilité de l'approvisionnement en eau lors de l'utilisation du stockage peut être déterminée en utilisant l'équation de Gould-Dincer. McMahon et al. (2007) ont démontré que l'équation fournit des estimations crédibles de la fiabilité d'approvisionnement par rapport aux méthodes conventionnelles nécessitant une analyse plus approfondie. L'équation de Gould-Dincer est exprimée comme suit :

$$\alpha = 1 - \frac{z^2_{p-g} \cdot C_v^2}{4 \cdot \tau} \tag{4}$$

Où α = apport en eau adimensionnel, c.-à-d. l'apport divisé par le débit annuel moyen; z_{p_g} = écart-type de la distribution gamma; τ = stockage adimensionnel, c.-à-d. le volume de stockage du réservoir divisé par le volume d'apport annuel moyen dans la rivière ('MAF' sur les graphes).

La sensibilité du stockage au changement climatique peut être illustrée à l'aide de l'équation (4) pour créer un graphique stockage-apports-fiabilité (figure 7.5), qui montre pour une fiabilité de l'approvisionnement de 99% la relation entre l'apport adimensionnel et le coefficient de variation du débit annuel pour des volumes de réservoir variables, allant de 0,25 fois le volume annuel moyen à trois fois ce volume annuel moyen. Le graphique contient également une courbe en gras délimitant deux domaines de capacité de stockage, c.-à-d. les domaines du fil de l'eau et celui de la réserve de grande capacité de report. La sensibilité des apports aux changements climatiques dans la zone « au fil de l'eau » est déterminée à l'aide de l'équation (1). Dans cette zone, le faible stockage ne protège pas contre les effets du changement climatique résultant d'une variabilité hydrologique interannuelle accrue (Annandale, 2013). Dans la région de grande capacité de réserve, on remarque que les petits volumes de stockage des réservoirs sont beaucoup plus sensibles aux effets du changement climatique que les volumes des réservoirs plus importants.

Duration Curve

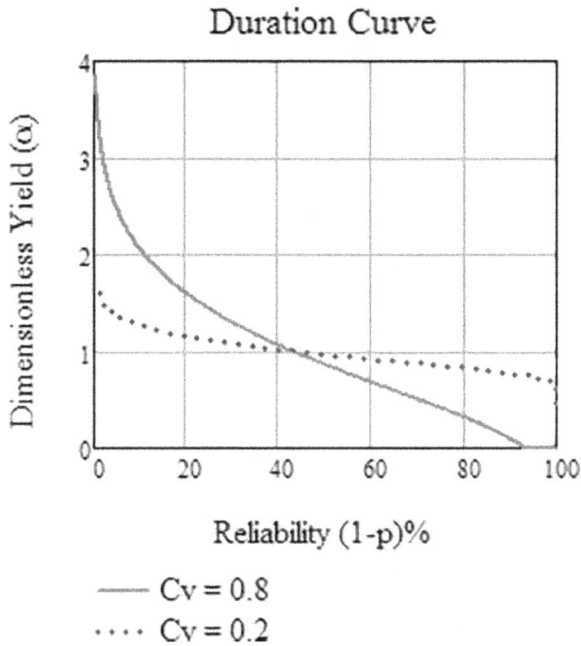

Fig. 7.4
Duration curves for varying coefficient of variation (Annandale 2013)

7.4.2. Carryover storage

Water supply

The reliability of water supply can be increased by providing reservoir storage. The sensitivity of the reliability of water supply when using storage can be confidently determined by making use of the Gould-Dincer equation. McMahon et al. (2007) demonstrated that the equation provides defensible estimates of reliable yield when compared to conventional methods requiring more extensive analysis. The Gould-Dincer equation is expressed as:

$$\alpha = 1 - \frac{Z^2_{p-g} \cdot C^2_v}{4 \cdot \tau} \tag{4}$$

where, α = dimensionless yield, i.e. yield divided by the mean annual flow; z_{p_g} = standardized deviate of the Gamma distribution; τ = dimensionless storage, i.e. the reservoir storage volume divided by the mean annual flow in the river.

The sensitivity of storage to climate change can be illustrated by using Equation (4) to prepare a storage-yield-reliability graph (Figure 7.5), which shows for 99% supply reliability the relationship between dimensionless yield and the coefficient of variation of annual streamflow for varying reservoir volumes; ranging from 0.25 times the mean annual flow (MAF) to three times the MAF. The graph also contains a thick curve demarcating two storage domains, i.e. run-of-river and carryover storage domains. The sensitivity of yield to climate change in the region demarcated "run-of-river" is determined with the use of Equation (1). In that region storage does not protect against the carryover effects of climate change resulting from increased inter-annual hydrologic variability (Annandale 2013). In the carry-over region it is noted that small reservoir storage volumes are much more sensitive to the effects of climate change than larger reservoir volumes.

Le graphique sur la relation stockage-apports-fiabilité permet de conclure que les grands volumes de réservoirs représentent des infrastructures robustes et résilientes. Une évaluation de la robustesse relative de conceptions alternatives de réservoirs peut donc être conduite en comparant la variation des apports pour des augmentations données de la variabilité hydrologique associée au changement climatique.

Hydroélectricité

En utilisant la méthode Gould-Dincer, Xie et al. (2012) ont développé une équation d'évaluation simplifiée pour les installations hydroélectriques de stockage. Selon cette analyse, la quantité moyenne d'énergie produite annuellement est exprimée comme suit :

$$E = \eta \cdot \rho \cdot g \cdot \left(\bar{Q} - \frac{Z_{p-g}^2}{4S_{ar1}} \cdot C_v^2 \cdot \bar{Q}^2 \right) \cdot \left(\frac{a \cdot S_{ar2}^b}{1+b} + c \right) \cdot T \tag{5}$$

Où S_{ar1} = stockage total utile; S_{ar2} = stockage actif utilisé pour la production d'électricité; T = 1 année; a, b, c = coefficients décrivant la courbe de capacité du réservoir (relation cote-volume).

Xie et al. (2012) ont utilisé cinq règles d'exploitation pour démontrer l'utilité de l'équation (5). Cette équation peut être utilisée comme méthode d'évaluation rapide de l'impact des changements climatiques prévus sur la production d'énergie. Une telle estimation a été faite pour le barrage des Trois Gorges en supposant une augmentation de 25% de la variabilité hydrologique et aucun changement du débit/volume annuel moyen. La Figure 7.5 montre la production d'énergie estimée pour le coefficient de variation actuel (Cv = 0,107) et pour une augmentation de 25% du coefficient de variation du Yangtze (Cv = 0,134). Les résultats indiquent que la production d'énergie, à 95% de fiabilité, diminuera d'environ 10%.

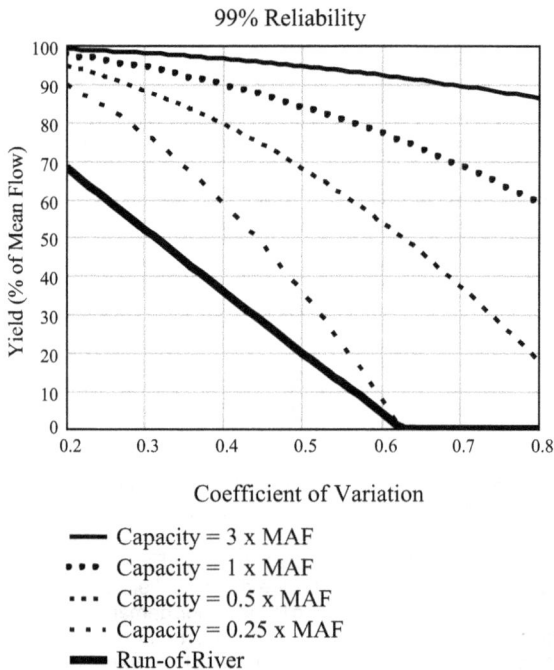

Fig. 7.5
Relation entre Apports-Stockage-Fiabilité en fonction de la variabilité hydrologique et pour différents volumes de réservoirs, visant une fiabilité de 99% (Annandale 2013)

It is concluded from the storage-yield-reliability graph that large reservoir volumes represent robust infrastructure. An assessment of the relative robustness of alternative reservoir designs can be determined by comparing the change in yield for selected increases in hydrologic variability associated with climate change.

Hydropower

By making use of the Gould-Dincer method, Xie *et al.* (2012) developed a rapid assessment equation for storage hydropower facilities. Based on that analysis the average amount of energy that is annually generated is expressed as:

$$E = \eta \cdot \rho \cdot g \cdot \left(\bar{Q} - \frac{Z_{p-g}^2}{4S_{ar1}} \cdot C_v^2 \cdot \bar{Q}^2 \right) \cdot \left(\frac{a \cdot S_{ar2}^b}{1+b} + c \right) \cdot T \tag{5}$$

Where S_{ar1} = total storage above dead storage elevation; S_{ar2} = active storage used for power generation; T = 1 year; a, b, c = coefficients describing the elevation-storage relationship

Five operating rules for Three Gorges Dam were used by Xie *et al.* (2012) to demonstrate the usefulness of Equation (5). This equation can be used as a rapid assessment equation to assess the impact of anticipated climate change on energy production. Such an estimate has been made for Three Gorges Dam by assuming a 25% increase in hydrologic variability and no change in mean annual flow. Figure 7.5 shows estimated energy production for the current coefficient of variation (Cv = 0.107) and for an increase of 25% in the coefficient of variation of the Yangtze River (Cv = 0.134). The results indicate that the energy production, at 95% reliability, will decrease by about 10%.

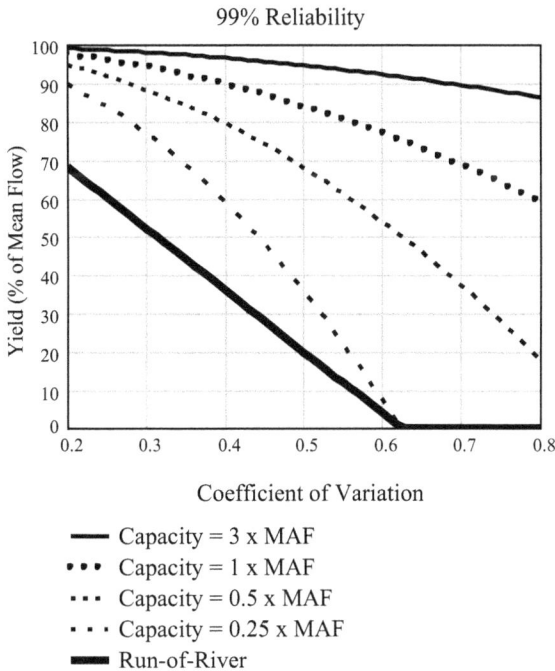

Fig. 7.5
Storage-Yield-Reliability relationships for varying hydrologic variability (i.e. coefficient of variation) and 99% reliability (Annandale 2013)

Cet exemple illustre comment la production d'hydroélectricité peut être très sensible à la variabilité hydrologique.

7.5. POUR DES INFRASTRUCTURES ROBUSTES

La conclusion tirée de l'analyse des effets des changements climatiques dans les sections précédentes indique que la fiabilité des installations au fil de l'eau devrait généralement être plus sensible aux effets des changements climatiques que les installations de stockage à grand réservoir, en particulier les installations de stockage de report saisonnier. Les principaux effets des changements climatiques sur la fiabilité de l'approvisionnement en eau et en électricité sont les changements du débit annuel moyen dans les rivières et de son coefficient de variation, deux paramètres encore largement incertains.

Pour faire face à cette incertitude, il faut concevoir des infrastructures robustes. Dans le cas de l'approvisionnement en eau et de l'hydroélectricité, les infrastructures robustes sont caractérisées par les infrastructures les moins sensibles au changement climatique, c.-à-d. présentant la meilleure fiabilité de l'approvisionnement en électricité et en eau. La sensibilité minimale est souvent obtenue en maximisant le stockage du réservoir (Figure 7.6).

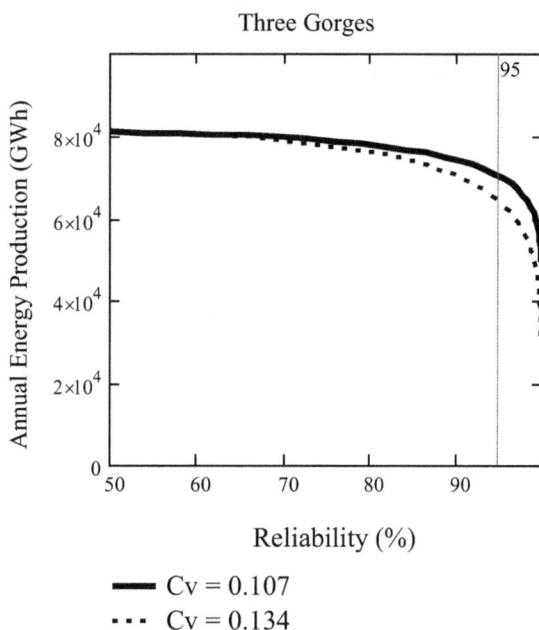

Fig. 7.6
Impact potentiel du changement climatique et de la variabilité hydrologique associée sur la fiabilité de production hydro-électrique de l'aménagement des Trois Gorges (Chine)

7.6. STOCKAGE GLOBAL – TENDANCES ACTUELLES

L'importance du stockage par les réservoirs pour maximiser la fiabilité de l'approvisionnement en eau et de la production d'hydroélectricité a été illustrée dans les sections précédentes. Il est donc jugé prudent de revoir les tendances actuelles en matière de capacité de stockage dans le monde entier.

This example illustrates how hydropower generation can be very sensitive to hydrological variability.

7.5.   ROBUST INFRASTRUCTURE

The conclusion made from the analysis of climate change effects in the foregoing sections indicate that run-of-river facilities reliability should generally be more sensitive to the effects of climate change than storage facilities, in particular carryover storage facilities. The principal impacts of climate change affecting water and power supply reliability are changes in the mean annual flow in rivers and its coefficient of variation, both uncertain parameters.

The way to deal with this uncertainty is to design robust infrastructure. In the case of water supply and hydropower, robust infrastructure is characterized by infrastructure with the least sensitivity to climate change, i.e. the least sensitivity of changes in the reliability of power and water supply. The least sensitivity is obtained through maximizing reservoir storage (Figure 7.6).

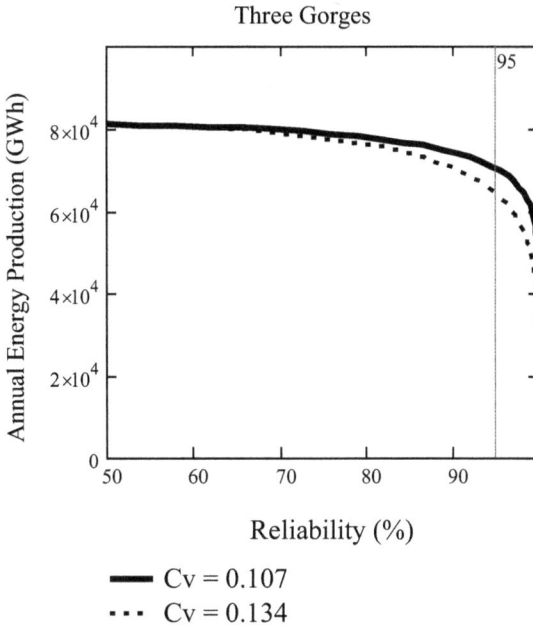

Fig. 7.6
Potential impact of climate change on energy production at Three Gorges Dam

7.6.   GLOBAL STORAGE – CURRENT TRENDS

The importance of reservoir storage to maximize the reliability of water supply and hydropower generation has been illustrated in the previous sections. It is therefore deemed prudent to review current trends in reservoir storage space worldwide.

La Figure 7.7 montre la tendance actuelle de l'ajout de réservoirs de stockage dans le monde entier, croisé avec l'évolution démographique. Le taux d'ajout de réservoirs a diminué alors que la population mondiale continue de croître. De plus, on estime qu'environ 1% de la capacité de stockage des réservoirs est perdu chaque année en raison des effets de la sédimentation du réservoir (White, 2003). La Figure 7.8 illustre les tendances d'évolution des capacités de stockage net, compte-tenu de la sédimentation des réservoirs. La tendance négative de l'espace de stockage par habitant indique que les conditions actuelles sont semblables à ce qu'elles étaient en 1965 (Figure 7.9). Il faut plus de capacité de stockage pour atténuer les effets des changements climatiques, de la sédimentation des réservoirs et de la croissance de la population mondiale.

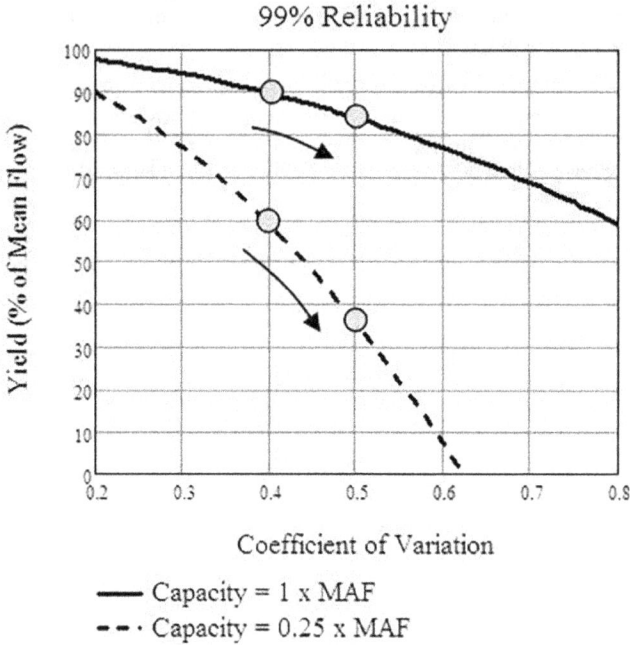

Fig. 7.7
Relation entre apports adimensionnels à 99% de fiabilité et variabilité hydrologique pour deux volumes (adimensionnels) de réservoir, illustrant le concept de robustesse

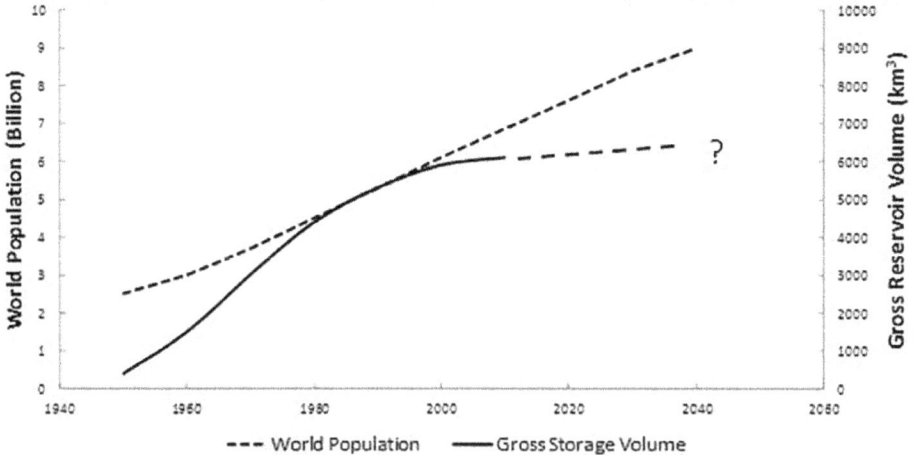

Fig. 7.8
Tendances de la croissance démographique mondiale et du volume brut des réservoirs

Figure 7.7 shows the current trend of adding reservoir storage worldwide. Its rate reduced while the world population continues to grow. Additionally, it is estimated that about 1% of reservoir storage space is lost every year due to the effects of reservoir sedimentation (White 2003). Figure 7.8 illustrates the trends in net reservoir storage space, accounting for reservoir sedimentation. The negative trend in per capita reservoir storage space indicates that current conditions are similar to what they were in 1965 (Figure 7.9). More reservoir storage space is required to mitigate for the effects of climate change, reservoir sedimentation and global population growth.

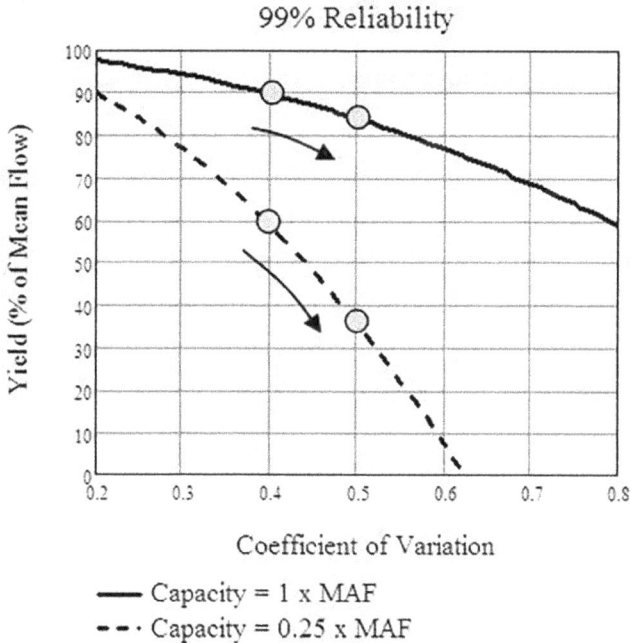

99% Reliability

— Capacity = 1 x MAF
- - · Capacity = 0.25 x MAF

Fig. 7.7
Relationship between water yield at 99% reliability for two reservoir volumes and varying coefficients of variation; illustrating the concept of robustness

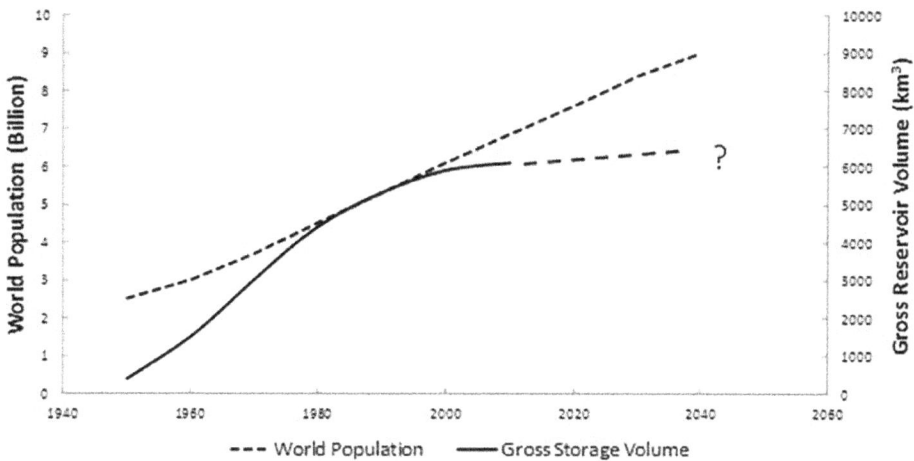

- - - World Population   —— Gross Storage Volume

Fig. 7.8
Trends in world population growth and gross reservoir volume

Le rythme actuel dans la construction des barrages et la perte de volume de stockage net en raison de la sédimentation des réservoirs démontrent une tendance à la baisse claire; la capacité de stockage des réservoirs continue de diminuer à l'échelle mondiale. Une telle tendance n'est pas souhaitable parce que l'analyse indique qu'il faudra plus de capacité de stockage pour atténuer les effets des changements climatiques sur l'approvisionnement en eau et la fiabilité de la production hydroélectrique. Le besoin de capacité de stockage supplémentaire est également souligné par une population mondiale croissante.

Une attention particulière est donc nécessaire pour garantir que les besoins d'approvisionnement en eau et de production d'hydroélectricité peuvent être satisfaits de manière fiable pour les générations actuelles et futures. Pour ce faire, il faudra évaluer la sensibilité des infrastructures existantes aux effets prévisibles des changements climatiques. L'évaluation rapide des effets du changement climatique est rendue possible par les techniques présentées dans ce chapitre. La conception et la construction de nouvelles infrastructures assurant la quantité requise de stockage du réservoir sont souhaitables. Ces infrastructures devraient être conçues de manière robuste, comme indiqué dans le présent chapitre.

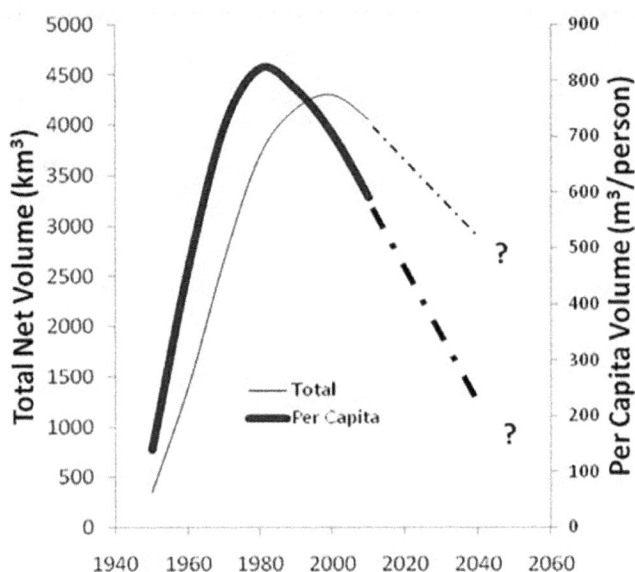

Fig. 7.9
Évolution de la capacité mondiale de stockage net et par habitant des réservoirs (Annandale, 2013)

Current activity in dam construction and the loss of reservoir storage space due to reservoir sedimentation indicate a reducing trend; the amount of reservoir storage space continues to decrease globally. Such a trend is undesirable because analysis indicates that more reservoir storage space will be required to mitigate the impacts of climate change on water supply and hydropower generation reliability. The need for additional reservoir storage space is further emphasized by a growing world population.

Special attention is required to ensure that water supply needs and hydropower generation can be reliably satisfied for both current and future generations. This will entail assessing the sensitivity of existing infrastructure to the anticipated effects of climate change. Rapid assessment of the effects of climate change is made possible through the techniques presented in this chapter. The design and construction of new infrastructure providing the required amount of reservoir storage, is desirable. Such infrastructure should be designed in a robust manner, as indicated in this chapter.

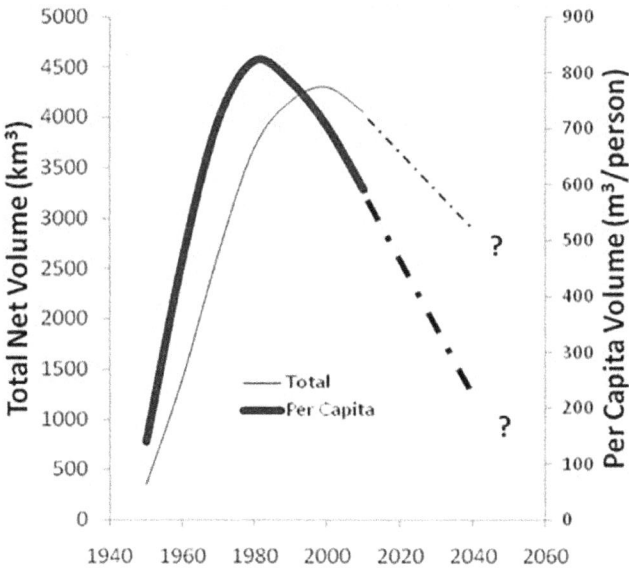

Fig. 7.9
Net total and per capita global reservoir storage space (Annandale, 2013)

8. ÉMISSIONS DE GAZ À EFFET DE SERRE ASSOCIÉES AUX RÉSERVOIRS ET AUX RESSOURCES HYDRIQUES

8.1. INTRODUCTION

Le chapitre précédent souligne les besoins grandissants en réserve d'eau, et les réservoirs répondent à ce besoin en permettant une gestion durable des ressources en eau. Malgré l'impact que ces réservoirs pourraient générer sur les rivières, l'hydroélectricité est considérée comme une énergie propre. La figure 7-2.b montre que globalement, l'hydroélectricité est la meilleure source d'énergie en termes d'émission de gaz à effet de serre (GES) ainsi que la seule énergie renouvelable pouvant surmonter l'intermittence reliées aux autres énergies renouvelables.

Depuis le début des années 1990, l'inquiétude envers les émissions de GES (dioxyde de carbone CO_2, méthane CH_4 et oxide nitreux N_2O) par les réservoirs n'a cessé de croître (Rudd et coll., 1993; Duchemin et coll., 2002; Tremblay et coll., 2005; Giles, 2006; Gunkel, 2009). En effet, les concentrations et les émissions de GES mesurées à la surface de l'eau indiquent un fort potentiel d'émissions de CO_2 ou de CH_4 provenant de réservoirs en région tropicale (Rosa et coll., 2004; Abril et coll., 2005) ou tempérée (Del Sontro et coll., 2010). En comparaison, les émissions de GES provenant de réservoirs en région boréale sont généralement faibles. (Tremblay et coll. 2005; Demarty et coll., 2011). Cependant, très peu d'études traitent des émissions de GES à l'échelle des écosystèmes, et encore moins d'études ne traitent de l'impact net de la création de réservoirs sur les émissions de GES à l'échelle des bassins versants. (Teodoru et coll., 2012). À ce jour, aucun modèle ne permet de prévoir précisément et à long terme les émissions de GES engendrées par la création d'un nouveau réservoir sans une prise de données exhaustive sur le terrain durant plusieurs années, et ce avant et après l'ennoiement. Ce rapport présente pourquoi il est important de tenir compte des émissions potentielles de GES durant la phase de planification d'un nouveau réservoir, comment effectuer les mesures, et pourquoi chaque projet doit être considéré comme unique.

Les sections suivantes présentent (1) les processus naturels à l'origine des émissions de GES provenant des réservoirs ainsi que l'impact potentiel des émissions sur les changements climatiques, (2) l'état des connaissances dans le domaine de la prise de mesures des concentrations et des émissions de GES et (3) l'impact probable des changements climatiques sur les émissions de GES des réservoirs.

8.2. POURQUOI ET COMMENT LES RÉSERVOIRS ÉMETTENT-ILS DES GES ?

8.2.1. *Émissions de CO_2 et CH_4*

Les écosystèmes terrestres et aquatiques sont des réserves de carbone comprenant la lithosphère, la biosphère, des sols, des eaux de surfaces et souterraines et des sédiments. Des échanges de matière et des transferts énergétiques se produisent entre ces différents compartiments et vers l'atmosphère à travers des procédés physiques (vent, ruissellement, photo-oxydation), chimiques (acidification) et biologiques (respiration et photosynthèse). Les écosystèmes peuvent être classés selon leur capacité à stocker ou à émettre du carbone atmosphérique. Généralement, les écosystèmes terrestres fixent le carbone atmosphérique et sont considérés comme des puits de carbone (forêts, tourbières; Blais et coll., 2005; Roehm et Roulet, 2003), tandis que les écosystèmes aquatiques (lacs, rivières, tourbière et estuaires), représentant habituellement des zones de transition entre les écosystèmes terrestre et l'océan, sont considérés comme des sources de carbone atmosphérique (Cay et Wang, 1998; Abril et Borges, 2005; Cole, et coll, 2008; Pelletier et coll, 2014) (Figure 8.1).

8. GREENHOUSE GAS EMISSIONS ASSOCIATED TO RESERVOIRS AND WATER RESOURCES

8.1. INTRODUCTION

The previous chapter underlines the growing needs for water storage, the benefits of reservoirs in terms of sustainable management of water resources and despite the fact they may have impacts on rivers, hydropower is considered as a clean energy. Figure 7-2.b demonstrates that globally hydro is the best energy option in terms of Greenhouse Gas (GHG) emissions and the only renewable energy that can support the intermittence related to the renewable energies

Since the early 90's, there is a growing concern regarding GHG emissions (carbon dioxide CO_2, methane CH_4 and nitrous oxide N_2O) from reservoirs (Rudd et al., 1993; Duchemin et al., 2002; Tremblay et al., 2005; Giles, 2006; Gunkel, 2009). In fact, GHG concentrations and emissions measured from surface water indicate the potential for large emissions of CO_2 or CH_4 from tropical (Rosa et al., 2004; Abril et Del., 2005) as well as temperate reservoirs (Del Sontro et al., 2010); in comparison, the GHG emissions from cold boreal waters are generally small (Tremblay et al. 2005; Demarty et al, 2011). However, very few studies rigorously document GHG emissions from reservoirs at a global level and fewer still deal with the net impact of reservoir creation on watershed GHG emissions (Teodoru et al., 2012). There are currently no models that can accurately predict long term GHG emissions from a new reservoir without exhaustive field measurements over several years before and after impoundment. We present why, at this time, it is important to account for the potential GHG emissions when designing a new reservoir, how to conduct measurements and why each project must be considered as unique.

The following sections present (1) the processes related to GHG emissions from reservoirs and how reservoirs can impact climate change, (2) the state of knowledge in the field of GHG measurement and (3) the impact of future climate change on GHG emissions from reservoirs.

8.2. WHY AND HOW DO RESERVOIRS EMIT GHG?

8.2.1. CO_2 and CH_4 emissions

Terrestrial and aquatic ecosystems constitute carbon stocks made up of the lithosphere, the biosphere, soils, surface waters, groundwater and sediments. Energy and matter transfers occur between these compartments and to the atmosphere via physical (wind, runoff, photo-oxidation), chemical (acidification) and biological (respiration, photosynthesis) processes. Ecosystems can be classified according to their capacity to capture or to emit carbon from/to the atmosphere. In general, terrestrial ecosystems are fixing atmospheric carbon and are considered as carbon sinks (forests, peatlands; Blais et al., 2005; Roehm and Roulet, 2003), whereas aquatic ecosystems (lakes, rivers, peatland pools and estuaries) which generally represent a transition zone between terrestrial ecosystems and the ocean and are considered a carbon sources (Cay and Wang, 1998; Abril an Borges, 2005; Cole, et al, 2008; Pelletier et al, 2014) to the atmosphere (Figure 8.1).

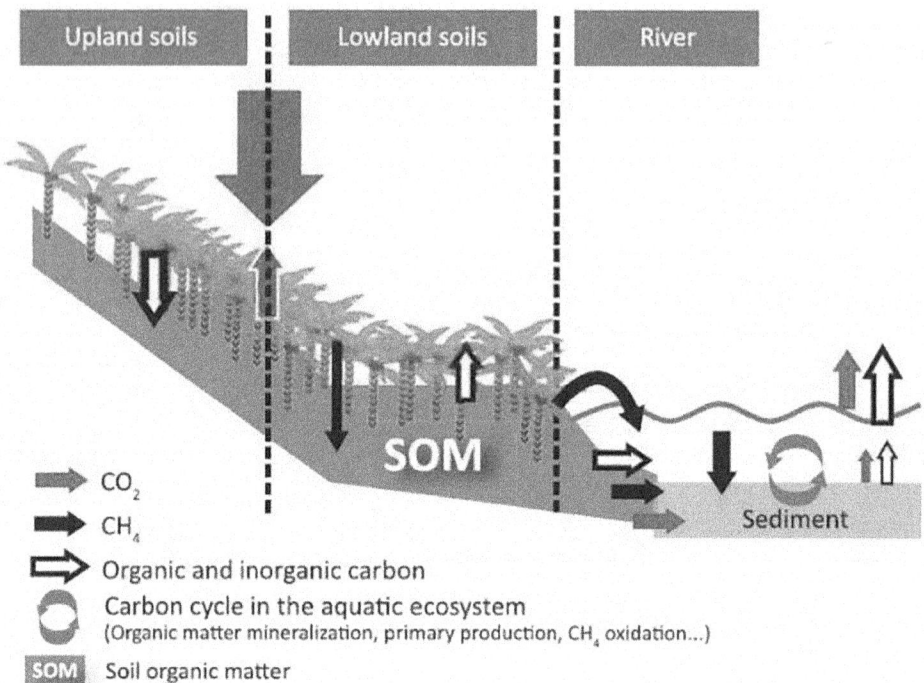

Fig. 8.1
Émissions de dioxyde de carbone et de méthane d'un bassin versant naturel (UNESCO/IHA 2010)

En ce qui concerne le cycle du carbone en milieu aquatique, les processus sont les mêmes en milieu naturel ou en réservoir naturel sont identiques à ceux d'un un réservoir (Figure 8.2, Tremblay et coll. 2005, Teodoru et coll. 2012). Brièvement, les producteurs primaires génèrent de la matière organique (MO) dans l'écosystème par photosynthèse (stockage de CO_2) dans la zone euphotique (partie supérieure de la colonne d'eau où la lumière pénètre). Par la suite, une fraction de cette MO est dégradée par respiration aérobie et anaérobie (avec ou sans oxygène) dans la colonne d'eau et les sédiments. Certains composés produits lors de cette dégradation de MO sont à leur tour utilisés comme nutriments par les producteurs primaires. Le CO_2 généré par respiration diffuse vers la surface alors que la fraction de la MO plus réfractaire à la dégradation sédimente et est ensevelie. Ainsi, la décomposition d'un arbre dans les eaux froides boréales peut prendre environ 1000 ans. La production de méthane (méthanogenèse) se produit la plupart du temps (voir exclusivement) dans les sédiments, lorsque tous les oxydants de la MO sont consommés par les bactéries. À partir des sédiments anoxiques, le méthane diffuse dans la colonne d'eau où il peut être oxydé en CO_2 (Oxydation aérobique du méthane (OAM)). L'OAM se déroule à la surface des sédiments, dans la colonne d'eau ou dans un secteur où l'on retrouve de la végétation en eau peu profonde, tout dépendant de la disponibilité en oxygène (Wetzel, 2001). L'OAM diminue ainsi les émissions de GES en termes d'équivalent CO_2 puisque le CH_4 possède un potentiel de réchauffement global plus élevé que le CO_2 (au moins 20 fois plus; IPCC, 2013).

La présence d'une stratification thermique dans un écosystème aquatique est un facteur important affectant la diffusion gazeuse vers la surface. La densité de l'eau est régulée entre autres par sa température et l'eau à 4°C est la plus dense, la plus « lourde ». Les lacs et réservoirs plus profonds que 5 à 7 mètres ont tendance à être stratifiés avec des couches bien définies: l'épilimnion est la couche d'eau en surface la plus chaude, où l'intensité lumineuse et la productivité biologique sont les plus fortes; le métalimnion est la couche intermédiaire où la baisse de température crée une barrière physique entre les couches de différentes densités; l'hypolimnion est la couche la plus froide située au fond et souvent appauvrie en oxygène à cause de la décomposition de la MO (Wetzel, 2001).

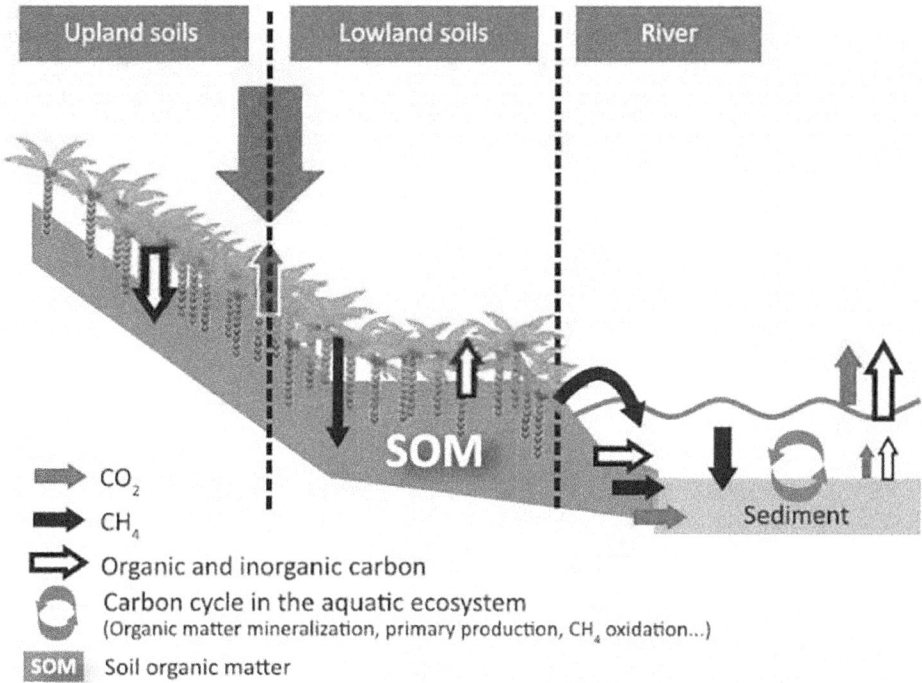

Fig. 8.1
Carbone dioxide and methane emissions from a natural catchment (UNESCO/IHA 2010)

In terms of the carbon cycle, the processes occurring in natural aquatic ecosystems or reservoirs are the same (Figure 8.2, Tremblay et al. 2005, Teodoru et al. 2012). Briefly, primary producers provide organic matter (OM) to the ecosystem performing photosynthesis (CO_2 capture) in the euphotic zone (water column where light is available). In turn, a fraction of the OM is degraded by aerobic or anaerobic respiration (with or without oxygen) in the water column and the sediments. Some of the compounds produced during the degradation of OM or oxidation at the oxic-anoxic interface are used as nutrients by primary producers for photosynthesis. The CO_2 produced during OM degradation diffuses upward. The less degradable fraction of the OM settles to the bottom and is buried in the sediment where it may remain for very long period of time. This is the case for tree decomposition in boreal cold water that may take about 1000 years. Methane production (*methanogenesis*) occurs mostly (if not only) in the sediments, when all oxidants of the OM are consumed by bacteria. Methane diffuses upward, from the anoxic sediment to the water column, where it can be oxidized into CO_2 (*Aerobic Methane Oxidation* (AMO)). AMO takes place at the surface of the sediment, in the water column or in the vegetated shallow waters of the waterbody depending on oxygen availability (Wetzel, 2001). AMO lessens GHG emissions in CO_2 equivalent, since CH_4 has a higher global warming potential than CO_2 (more than 20 times greater; IPCC, 2013).

The presence of a thermal stratification in an aquatic ecosystem is an important property affecting gas diffusion to the surface. The density of water is regulated by its temperature among other parameters (salinity,...); hence, colder water is denser than warmer water, with 4°C water being the "heaviest". Lakes and reservoirs deeper than 5 to 7 meters can become stratified with well-defined layers: the epilimnion is the warmer surface layer presenting the highest light intensity and biological productivity, the metalimnion is the intermediate layer, the decrease in temperature creates a physical barrier between both upward and downward layers of different densities and the hypolimnion is the cooler bottom layer often depleted in oxygen due to OM decomposition (Wetzel, 2001).

La colonne d'eau d'un écosystème aquatique peut être homogène ou stratifiée, durant toute l'année ou de façon saisonnière, en fonction des conditions météorologiques ou hydrologiques. Cette stratification influence grandement les variations temporelles des émissions de GES. En effet, les gaz accumulés sous la thermocline au cours des périodes de stratification sont émis au moment du brassage induit par les changements de conditions environnantes. Ainsi, dans les régions les plus froides, les GES peuvent être accumulés sous la glace et être libérés au printemps, à la fonte des glaces, durant une courte période d'environ un mois (Demarty et coll., 2011).

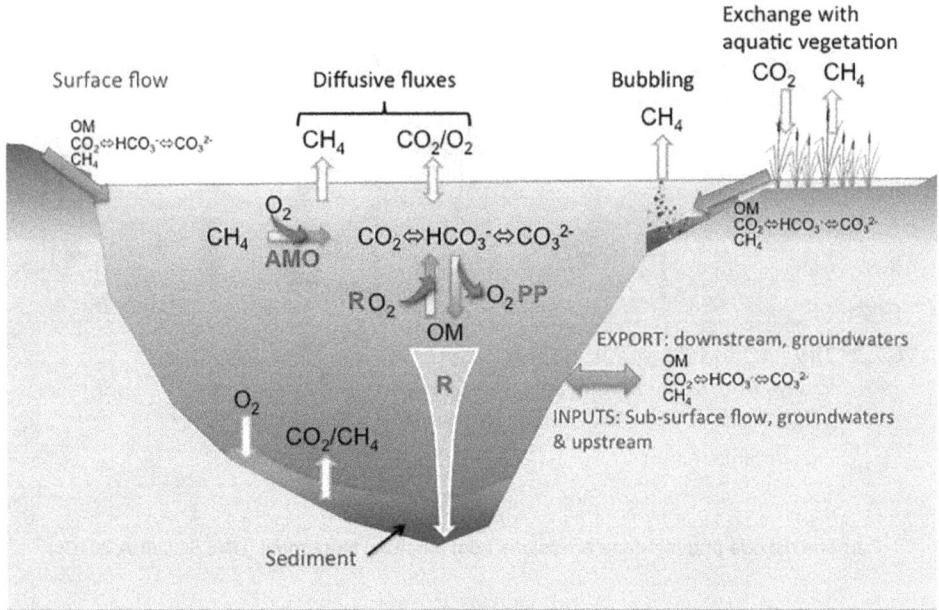

Fig. 8.2
Cycle du carbone en milieu aquatique (Issu de Harby et coll., 2012)

Les échanges gazeux entre les écosystèmes aquatiques et l'atmosphère se déroulent de trois manières différentes: (1) par la diffusion à travers l'interface air-eau d'un écosystème aquatique, (2) par le processus de bullage correspondant au transfert direct de méthane (très faible concentration de CO_2 et N_2O dû à leur grande solubilité) à partir des sédiments vers l'atmosphère avec peu d'effet de l'OAM, et (3) dans les zones végétalisées du littoral où le CH_4 peut diffuser du sol ou des sédiments à travers le système racinaire et les tissus végétaux.

La création d'un réservoir représente une perturbation dans le cycle du carbone à l'échelle du bassin versant, impliquant ainsi le passage d'un écosystème terrestre vers un écosystème aquatique et favorisant la dégradation de MO et les émissions de carbone dans l'atmosphère (Tadonléké et coll., 2005). La production de GES des réservoirs est alimentée par la MO inondée au cours des premières années après la mise en eau. Cependant, des intrants organiques provenant du bassin versant peuvent maintenir la production d'émissions de GES durant une plus longue période de temps lorsque des conditions anoxiques dominent (Tremblay et coll. 2005). L'ennoiement de grandes quantités de MO fait augmenter la concentration en carbone organique dissous dans la colonne d'eau, ce qui promeut la croissance et donc la respiration bactérienne, et par conséquent les émissions de CO_2 Parallèlement, après la mise en eau, les sols deviennent des sédiments qui sont des lieux de production de CO_2 et de CH_4 tant que la MO labile (« digeste ») est disponible. Il a été montré que la sédimentation dans les réservoirs peut-être de 2 à 3 fois plus forte qu'en écosystème naturel (Teodoru et coll. 2012). Pour calculer les émissions de GES reliées à la création d'un réservoir, les flux diffusifs, le bullage, les émissions aval et la sédimentation doivent être considérés (Figure 8.3). Il est à noter que les émissions aval comprennent le dégazage (émissions diffuses de GES associées aux eaux turbulentes à la sortie des turbines et des évacuateurs de crues), le bullage et les flux diffusifs mesurés sur une distance pouvant aller jusqu'à plusieurs kilomètres en aval de la centrale. (Abril et al., 2005).

The water column of aquatic ecosystems can be well mixed or stratified (year-round or seasonally). This stratification has a strong influence on the temporal variations of GHG emissions. Some aquatic ecosystems are stratified most of the year and de-stratify under certain circumstances related to meteorological and hydrological situations. The GHG accumulated below the thermocline during stratified periods are emitted during a very short period of time at the beginning of the de-stratification (known as the turnover). In colder regions, GHG can also accumulate under the ice and be released during the spring thaw period (Demarty et al, 2011).

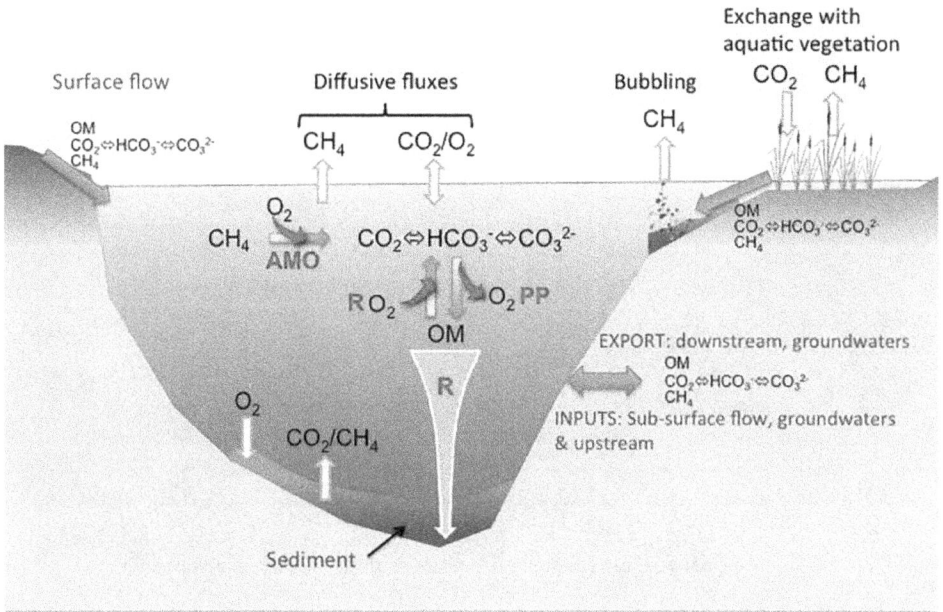

Fig. 8.2
Carbon cycle in the waterscape (From Harby et al., 2012).

Gas exchange between aquatic ecosystems and the atmosphere occurs through three different pathways: (1) diffusion from or to the aquatic ecosystems through the air-water interface, (2) bubbling fluxes (or ebullition) corresponding to the direct transfer of methane (very little concentrations of CO_2 and N_2O due to higher solubility) from the sediment to the atmosphere with little interaction with AMO and (3) in vegetated littoral zones where CH4 can diffuse from the sediments/soils to the atmosphere through the root system and the plant tissues.

The creation of a reservoir represents a perturbation of the carbon cycle at the watershed scale, implying a shift from terrestrial ecosystems towards more aquatic processes favoring organic matter degradation and thus carbon emissions to the atmosphere (Tadonléké et al., 2005). GHG production in reservoirs is fuelled by the flooded organic matter the first few years after flooding. However, inputs from the watershed may maintain GHG emission over longer period of time when anoxic conditions are prevailing (Tremblay et al. 2005). The flooding of large quantities of organic matter induces a release of dissolve organic carbon in the water column, enhancing bacterial respiration and therefore CO_2 emissions. In parallel, after flooding, soils become sediments, which are sites of CO_2 and CH_4 production as long as the labile OM is available. In many cases, reservoir sedimentation is 2 to 3 times higher than their natural counterparts (Teodoru et al. 2012). To account for GHG emissions related to reservoir creation, diffusion, bubbling and downstream emissions as well as sedimentation have to be considered (Figure 8.3). Downstream dam emissions are those observed below generating stations. They include degassing (refers to GHG diffusive emissions associated with turbulent waters at turbine and spillway discharges), bubbling and diffusive fluxes (Abril et al., 2005).

Selon les études disponibles portant sur de nouveaux et d'anciens réservoirs à l'échelle mondiale, l'ampleur des émissions de CO_2 est liée à l'âge du réservoir et à sa latitude (Barros et coll., 2011). La magnitude des émissions est plus grande durant les 10 premières années après l'ennoiement pour les réservoirs boréaux et tropicaux (Abril et coll., 2005; Demarty and Bastien, 2011; Figure 8.4b). Dans le cas d'un réservoir boréal, les émissions deviennent ensuite semblables à celles d'un écosystème naturel de la même région.

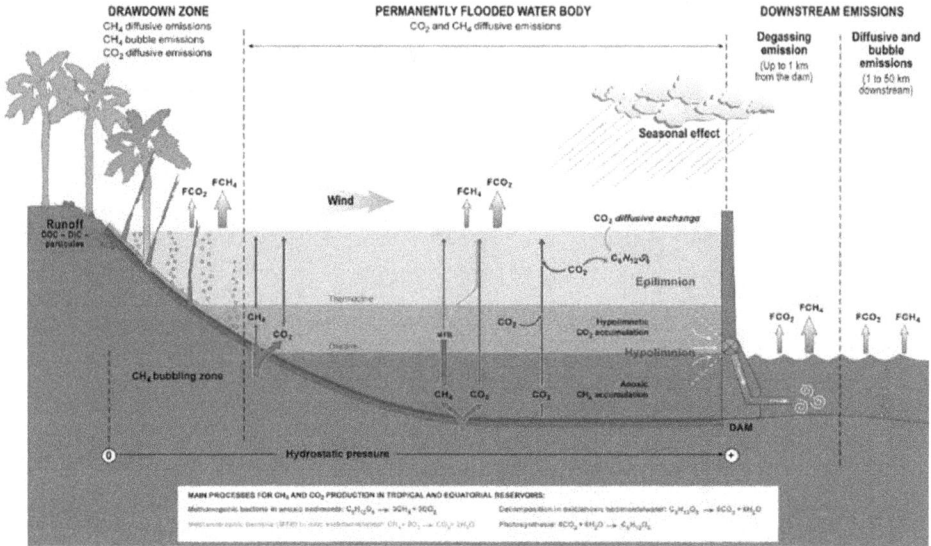

Fig. 8.3
Principaux processus liés aux émissions de GES d'un réservoir
(tiré de Demarty et Bastien, 2011)

8.2.2. Émissions de N_2O

Le N_2O est un produit intermédiaire de deux processus microbiologiques, soit la nitrification (en présence d'oxygène) et la dénitrification (en absence d'oxygène), généré principalement à l'interface sédiment-eau, mais qui peut aussi être produit dans une colonne d'eau riche en MO. Le N_2O est produit par diffusion à l'interface air-eau, ainsi que par le dégazage aux turbines et évacuateurs de crus, tel que pour le CO_2 et le CH_4. Selon les études disponibles en régions boréale, tempérée et tropicale, il semble que la création de réservoirs n'entraine pas de flux significatifs de N_2O. Ainsi, bien que ce gaz ait un potentiel de réchauffement global (PRG) 298 fois plus élevé que le CO_2 (IPCC, 2013), les émissions sont négligeables dans le calcul des budgets de GES disponibles à ce jour, (Huttunen et coll., 2002; Tremblay et coll., 2009; Dos Santos et coll., 2006; Diem et coll, 2012).

Les émissions de N_2O se produisent par diffusion à l'interface air-eau et dégazage à la turbine et aux déversoirs, comme pour le CO_2 et le CH_4.

According to the available studies on young and old reservoirs worldwide, the magnitude of CO_2 emissions is related to the reservoirs age and latitude (Barros et al., 2011). Typically, the largest amount of GHG emissions takes place during the first 10 years after flooding for boreal (Tremblay et al, 2005; Marchand et al., 2012; figure 8.4a) as well as for tropical reservoirs (Abril et al., 2005; Demarty and Bastien, 2011; Figure 8.4b). For boreal reservoir, after the first 10 years, emissions are similar to those from natural aquatic systems in the same general area.

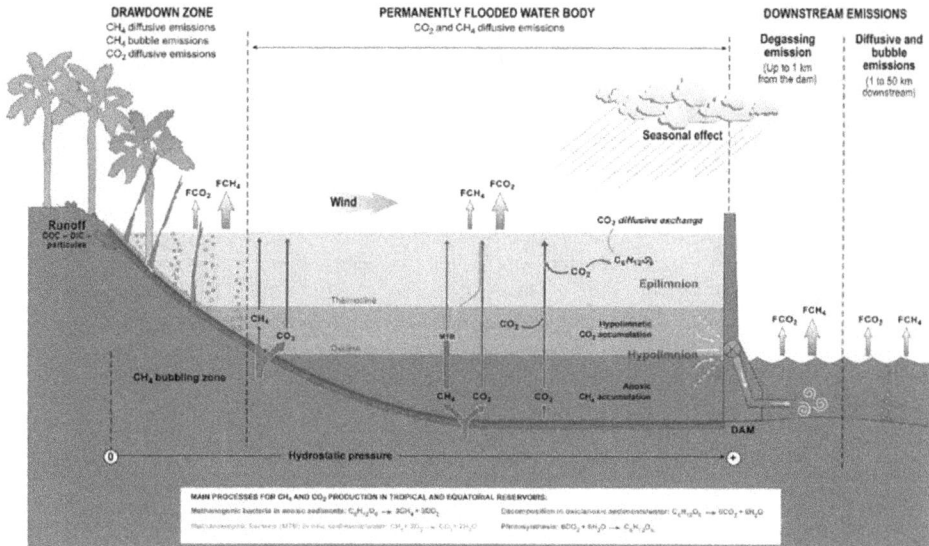

Fig. 8.3
Main processes leading to GHG emissions from reservoirs
(from Demarty and Bastien, 2011)

8.2.2. N_2O emissions

N_2O is an intermediate by-product of two microbiological processes, nitrification (in presence of oxygen) and denitrification (in absence of oxygen), which occur mainly at the sediment water interface but could also take place in organic matter rich water column. Regarding N_2O generated from flooding, the evidence so far indicates that N_2O is not a major issue: although N_2O has a global warming potential (GWP) 298 times greater than CO_2 (IPCC, 2013), the fluxes are likely negligible in the overall GHG budget as measured in boreal, alpine and tropical reservoirs (Huttunen et al., 2002; Tremblay et al., 2009; Dos Santos et al., 2006; Diem et al, 2012).

N_2O emissions occur through diffusion at the air-water interface and degassing at turbine and spillways, as for CO_2 and CH_4.

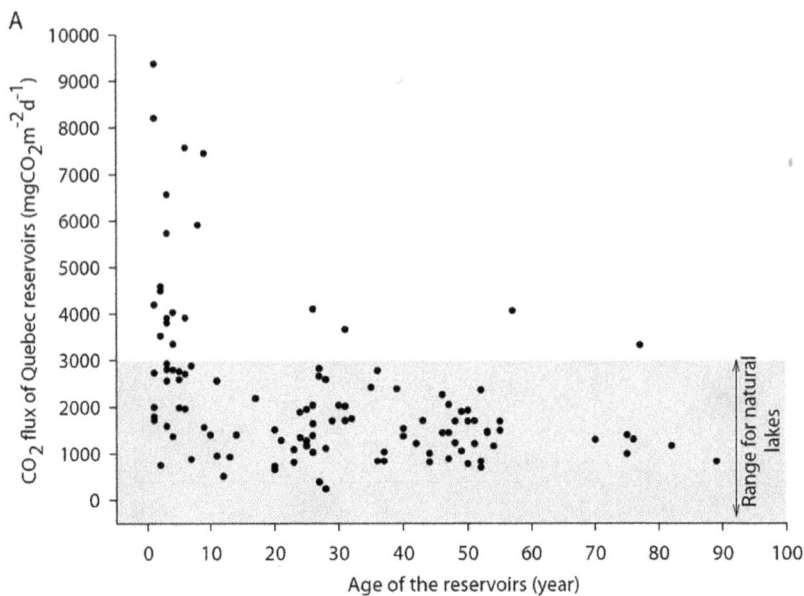

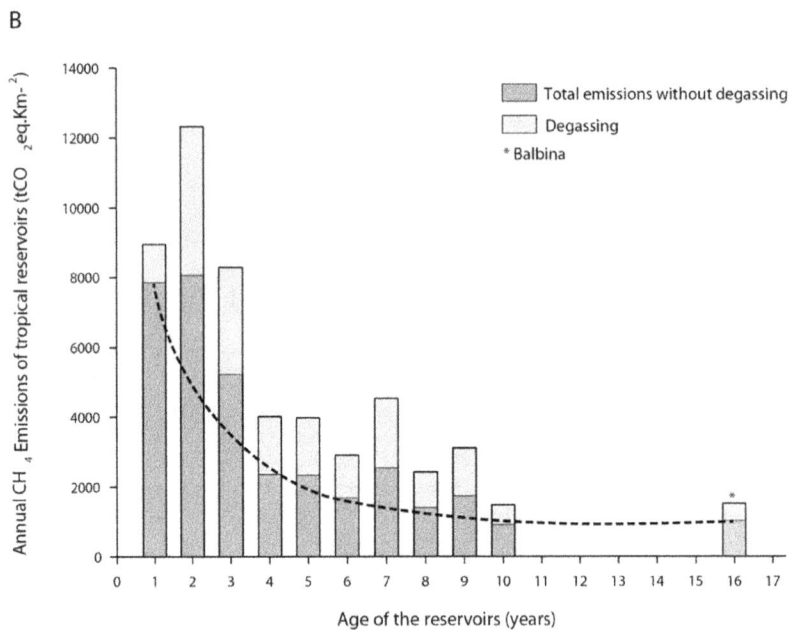

Fig. 8.4

A – Évolution des émissions diffusives brutes estivales par mètre carré par jour selon l'âge de réservoirs au Québec, Canada. (Tiré de Marchand et coll., 2012).

B – Émissions annuelles de CH_4 par kilomètre carré pour deux réservoirs tropicaux (Petit Saut, Guyane Française et Balbina, Brésil) en fonction de leur âge. La ligne pointillée représente une tendance à la baisse. (tiré de Demarty & Bastien, 2011-b)

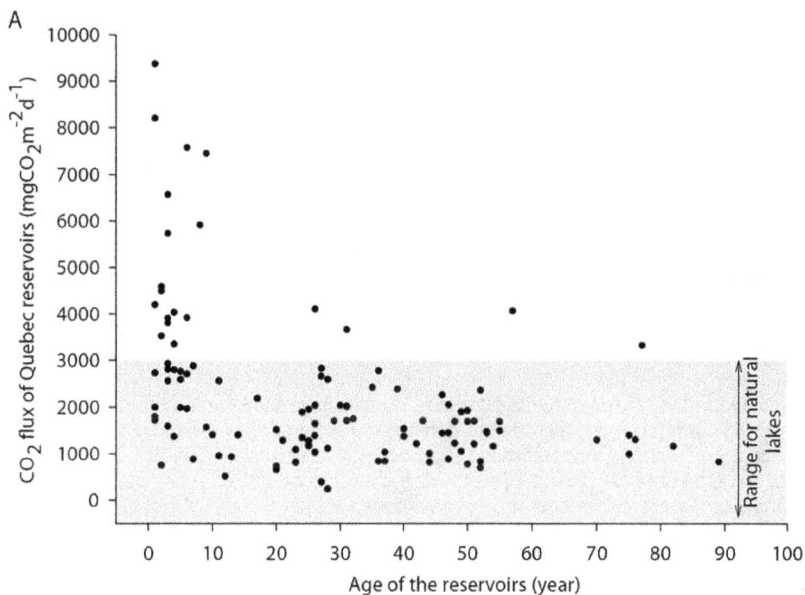

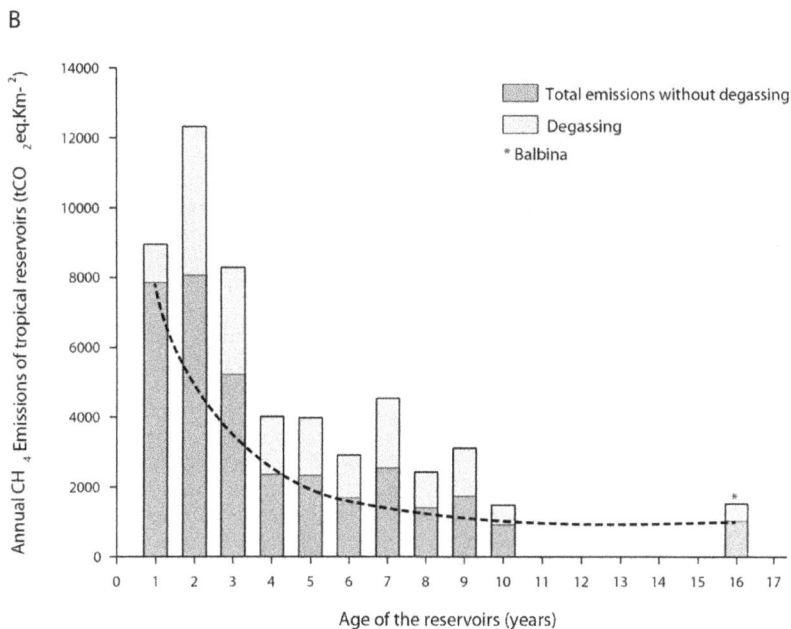

Fig. 8.4
A - Evolution of gross summer CO_2 diffusive emissions per square metre per day with reservoir age in Quebec, Canada. (from Marchand et al., 2012).

ATTENTION: units for graph (A) are: mg CO_2 / m² / day (for summer season)

B - Annual CH_4 emissions per square kilometer for two tropical reservoirs (Petit Saut, French Guiana and Balbina, Brazil) as a function of age. Dotted line represents the decreasing trend (from Demarty & Bastien, 2011-b)

ATTENTION: units for graph (B) are: tons CO_2 eq. / km² / year – different from graph (B) units

8.3.   IMPACT DES RÉSERVOIRS SUR LES CHANGEMENTS CLIMATIQUES

Les connaissances accumulées depuis les années 1990 démontrent que tous les types de réservoirs sont susceptibles d'émettre des GES, du moins durant les premières années après leur création. Une question demeure alors : y a-t-il de mauvais et de bons réservoirs en matière d'émission de GES?

Tout d'abord, seules quelques études caractérisent les émissions nettes des réservoirs, et l'impact global de l'ennoiement sur les changements climatiques ne peut donc pas être évalué. Des études menées dans la forêt amazonienne ont démontré que des réservoirs tropicaux (Balbina, Tucurui) peuvent émettre des GES dans des proportions plus importantes qu'une centrale thermique (Demarty et Bastien, 2011). À l'inverse, le suivi à long terme du réservoir boréal Eastmain-1 au Québec, Canada, montre que malgré les fortes émissions de GES suivant l'ennoiement, ce type de réservoir n'a aucun impact sur les GES au niveau du bassin versant, lorsqu'on considère la durée de vie du projet (100 ans). Il a par ailleurs été démontré que certains réservoirs tropicaux séquestrent le CO_2 grâce à leur grande concentration de producteurs primaires (Rosa et coll., 2004; Chanudet et coll., 2011). Ceci semble positif en termes d'émission de GES, mais dans une perspective environnementale plus large, la présence d'une importante population de producteurs primaires est souvent reliée à l'accélération de l'eutrophisation d'un réservoir due aux activités humaines, à la prolifération d'algues (possiblement toxiques, Deblois et coll., 2008) et à l'anoxie de la colonne d'eau/ des sédiments menant à la production de CH_4. Finalement, quelques conclusions générales peuvent être tirées. Des facteurs clés affectent les émissions de GES d'un réservoir, tels que la superficie et l'aménagement du réservoir, le contenu en MO de l'écosystème ennoyé, les activités humaines dans le bassin versant, et le design de la centrale et de ses opérations. Les processus sont les mêmes partout, mais l'ampleur et la durée des émissions varient généralement en fonction de la latitude et de la température de l'eau (Marotta et coll., 2009; Barros et coll., 2011). À titre de recommandation il est suggéré de prendre en compte les points suivants pour éviter les projets à possibles fortes émissions :

* Favoriser des réservoirs ayant de plus petits ratio superficie/volume d'eau, entrainant un plus petit temps de séjour de l'eau et moins de MO ennoyée;

* Lors de la prise de mesures des émissions de GES, tous les mécanismes de production devraient être pris en compte (diffusion, bullage et dégazage); une attention particulière devrait être mise sur les mesures du méthane et sur l'estimation des émissions nettes de GES (Teodoru et coll. 2012, UNESCO/IHA, 201, Tremblay et coll. 2005);

* Prendre en compte les émissions dès la phase de conception. Si la prise d'eau des turbines est située près de la surface du réservoir ou à travers des vannes flexibles prenant l'eau majoritairement à la surface du réservoir, le risque de production de méthane par dégazage en aval est réduit. Si l'eau des turbines provient des eaux dépourvues d'oxygène que l'on retrouve au fond du réservoir (hypolimnion), le méthane dissout est entrainé et dégazé en aval de la centrale. Pour cette même raison, l'utilisation de vannes d'évacuation au fond de l'eau pour évacuer le trop plein ou vidanger le réservoir peut aussi augmenter le risque d'émissions de méthane en aval. Des manipulations hydriques permettant d'assurer que l'eau présente dans un réservoir y réside durant le plus court laps de temps possible va réduire les risques d'émission de GES (Harby et al., 2012);

* Prendre en compte les activités humaines. En effet, les activités anthropiques d'un bassin versant peuvent se traduire en apport en nutriments et en MO, lesquels peuvent drastiquement augmenter les émissions de GES (et H2S) en créant des conditions anoxiques dans la colonne d'eau et les sédiments (Del Sontro et coll., 2010). Jusqu'à présent, les apports de sédiments en suspension étaient considérés dans la planification de projet dans le contexte de la sédimentation dans le réservoir et pour éventuellement planifier des dragages d'entretien. La MO contenue dans la charge de sédiments doit maintenant être abordée comme une importante source potentielle d'émission de GES. Dans certains cas des usines de traitement de l'eau pourraient être implantées en amont des réservoirs pour éviter ces émissions.

8.3.   IMPACT OF RESERVOIRS ON CLIMATE CHANGE

Accumulated knowledge since the 90's demonstrates that all kinds of reservoirs are susceptible to emitting GHG, at least for the first few years after their creation. So, one question is, are there bad vs. good reservoirs in terms of GHG emissions?

First of all, only few studies characterises the net emissions of reservoirs and the global impact of flooding on climate change cannot be evaluated accordingly. Studies conducted in the Amazon Forest area have shown that some tropical reservoirs (Balbina, Tucurui) can emit GHG in larger proportions than would a thermal power plant (Demarty and Bastien, 2011). Oppositely, the long-term follow-up of the boreal reservoir Eastmain-1 in Québec, Canada, demonstrated that, despite high GHG emissions following impoundment, this type of reservoir had no impact in terms of emissions at the watershed scale considering the lifetime of the project (100 years). Some other tropical reservoirs have been shown to capture CO_2 due to their high concentrations of primary producers (Rosa et al., 2004; Chanudet et al., 2011). This looks positive in terms of GHG emissions, but in a wider environmental perspective, large primary producer populations are often related to accelerated eutrophication of reservoirs due to human activities, algal blooms (possibly toxic, Deblois et al., 2008) and water column/sediment anoxia, which may lead to the creation of CH_4. It finally appears that a few general conclusions can be made. GHG emission driving factors such as reservoir surface area and landscape, OM content of the flooded ecosystems, human activities in the watershed, power plant design and operation are affecting reservoir GHG emissions. Processes are the same all over the world, the amplitude and duration of the emissions generally varying depending on the latitude and water temperature (Marotta et al., 2009; Barros et al., 2011). The following points should therefore be considered for future reservoirs to avoid high emission projects:

- Favour smaller reservoir surface/water volume ratio and consequently short residence time and less OM flooded.

- When measuring GHG emissions, all pathways should be taken into account (diffusion, ebullition, degassing) and a particular attention should be towards measuring methane and determining net GHG emissions (Teodoru et al. 2012, UNESCO/IHA, 201, Tremblay et al. 2005).

- GHG emissions should be considered right from the conception phase. If the water intake to the power turbines is located near the surface of the reservoir or through flexible gates drawing water mostly from the surface of the reservoir, the risk of downstream degassing of methane is much lower. If water to the turbines is fed from the oxygen-depleted water closer to the bottom of the reservoir (hypolimnion), dissolved methane may be entrained with the water and degassed downstream of the power plant. The use of bottom gates for releasing water or flushing the reservoir may also increase the risk of downstream methane emissions for the same reason. Hydro operations ensuring that water stays inside the reservoir for short periods of time will reduce the risk for emitting GHG (Harby et al., 2012).

- Human activities should be considered. In fact, anthropogenic activities in the reservoir watershed lead to nutrients and OM inputs that can drastically increase GHG (and H_2S) emissions in creating anoxic conditions in the water column and the sediments (Del Sontro et al., 2010). Up until now, total suspended sediment inputs were considered in the projects design to account for reservoir filling and to eventually plan maintenance dredging. The OM contained in this sediment charge must now be considered as a potential large source of GHG emission; water treatment plants could be settled upstream of the reservoirs to avoid these emissions.

8.4. QUANTIFICATION DES ÉMISSIONS DE GES DES RÉSERVOIRS

Le consensus international portant sur les objectifs à atteindre en matière de quantification des GES est d'estimer l'impact net de la création d'un réservoir à l'échelle du bassin versant. (Figure 8.5). Les émissions nettes sont calculées en faisant la différence entre les émissions avant et après la création d'un réservoir. Compte tenu du fait que les réservoirs sont affectés par les différents processus se produisant dans les composantes terrestres et aquatiques environnantes, la zone/ l'échelle d'étude à considérer est celle du bassin versant.

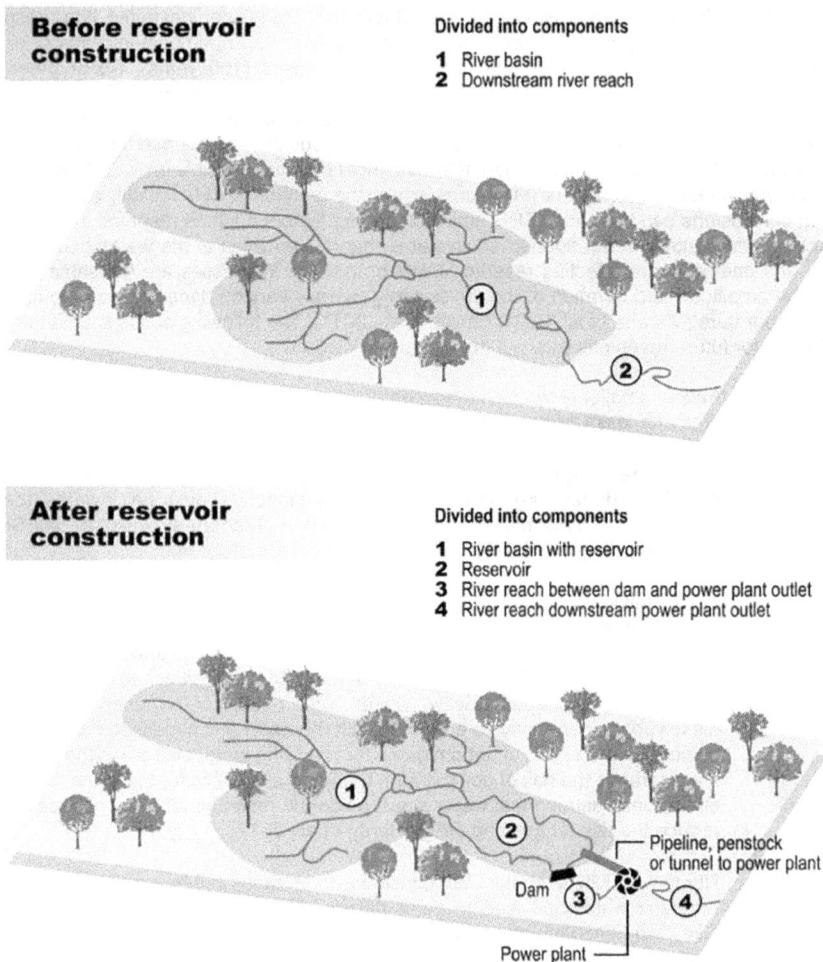

Before reservoir construction

Divided into components

1 River basin
2 Downstream river reach

After reservoir construction

Divided into components

1 River basin with reservoir
2 Reservoir
3 River reach between dam and power plant outlet
4 River reach downstream power plant outlet

Pipeline, penstock or tunnel to power plant

Dam

Power plant

File: CM_1912_010_100421.fh9

Fig. 8.5
Délimitation d'un projet de réservoir (tiré de UNESCO/IHA, 2010)

Les émissions terrestres et aquatiques peuvent être mesurées de plusieurs façons, en utilisant des capteurs in situ ou ex situ. Des prises de mesure ponctuelles peuvent être effectuées durant les campagnes de terrains (plusieurs stations d'échantillonnage) et des mesures continues chronologiques peuvent être récoltées à partir de systèmes automatisés installés en centrale (Demarty et al., 2009). Pour réduire les incertitudes liées à ces méthodes et pour assurer la reproductibilité et la comparabilité des données, un comité d'experts internationaux a publié un

8.4. MEASUREMENT OF GHG EMISSIONS FROM RESERVOIRS

The international consensus regarding the goal of GHG emission measurements is to estimate the net impact of reservoir creation at the watershed scale (Figure 8.5). Net emissions are calculated in subtracting emissions before from emissions after the flooding. The watershed is chosen as the surface unit to circumscribe the impact study, since reservoirs are affected by processes occurring in the surrounding terrestrial and aquatic components.

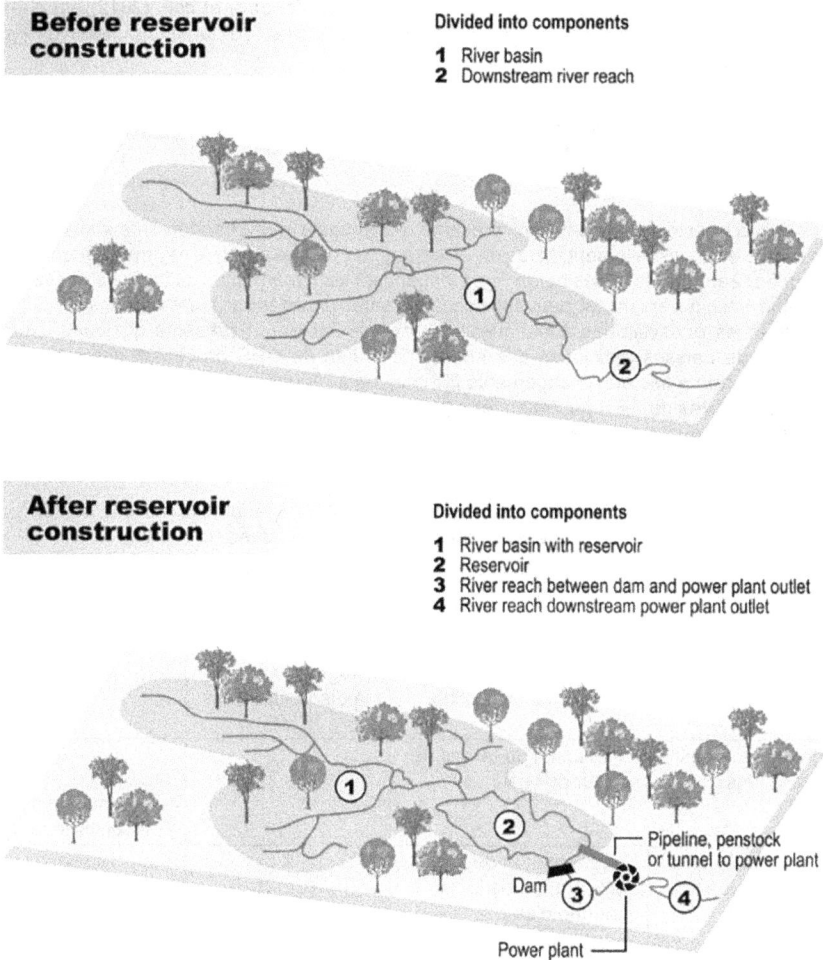

Before reservoir construction

Divided into components

1 River basin
2 Downstream river reach

After reservoir construction

Divided into components

1 River basin with reservoir
2 Reservoir
3 River reach between dam and power plant outlet
4 River reach downstream power plant outlet

File CM_1912_010_100421.fh9

Fig. 8.5
Boundaries for reservoir projects (form UNESCO/IHA, 2010)

Terrestrial and aquatic emissions can be measured by various methods, using in situ or ex situ sensors. Punctual measurements can be done during field campaigns (several sampling stations) and time series can be obtained through automated systems installed in generating stations (Demarty et al., 2009). To limit uncertainties linked to some of these methods and to assure the reproducibility and comparison of the results, a comity of international experts published a GHG

guide de recommandation sur les méthodes de mesures des GES pour les réservoirs d'eau douce par l'entremise de l'International Hydropower Association (UNESCO/IHA, 2010). Ces méthodes ont récemment été utilisées au Laos (Deshmukh et coll., 2014; Chanudet et coll., 2011), en Chine (Zhao et coll., 2015), en Australie (Bastien et Demarty, 2013), en Malaisie (données non-publiées), au Cameroun (2014-2020, Demarty comm. personnelle) et au Canada (Marchand et coll., 2012; Venkiteswaran et coll., 2013; Pelletier et coll., 2014).

Il est désormais possible de modéliser les émissions de GES d'un réservoir à long terme à partir d'un suivi régulier de la qualité de l'eau et de mesures in situ des émissions. Cet exercice a été effectué par Delmas et coll. (2005), puis Descloux et coll. (2014) et par Chanudet et coll. (2015) en adaptant un modèle de qualité de l'eau numérique 3D. Teodoru et coll. (2012) ont quant à eux extrapolé des tendances empiriques sur la durée de vie prévue (100 ans) d'un réservoir (voir aussi UNESCO/IHA, 2010 au sujet de cette méthode).

8.5. IMPACTS DES CHANGEMENTS CLIMATIQUES FUTURS SUR LES ÉMISSIONS DE GES DES RÉSERVOIRS

Les chapitres précédents ont présenté les impacts des changements climatiques sur les précipitations et le ruissellement, l'érosion et le transport de sédiment, le régime hydrique et le temps de séjour de l'eau, etc. Tous ces paramètres influencent les dynamiques du carbone et des nutriments à travers le bassin versant, et peuvent donc présenter un effet sur les émissions de GES par les réservoirs et les écosystèmes aquatiques naturels. Le Tableau 1 présente quelques exemples de hausses ou de baisses anticipées des émissions brutes de GES provenant des réservoirs selon différents scénario reliés aux changements climatiques à l'échelle du bassin versant. En contrepartie les émissions nettes de GES pourraient être plus faibles car les écosystèmes naturels (aquatiques et terrestres) seront eux aussi affectés par les changements climatiques.

Table 8.1
Exemples d'impacts sur les émissions de GES des réservoirs d'évènements
liés aux changements climatiques

À l'échelle du bassin versant	Dans le réservoir	Augmentation des GES	Diminution des GES
Augmentation de l'érosion	Augmentation du transport de sédiments et de la concentration de MO	X (Augmentation de la disponibilité de la MO)	
Augmentation des précipitations	Diminution du temps de séjour de l'eau		X (Diminution de la disponibilité de la MO)
Augmentation de la température de l'air (sécheresse)	Augmentation de la température de la colonne d'eau	X (CO_2)	
	Colonne d'eau moins profonde	X (Bullage de CH_4)	X (Oxydation du CH_4 en CO_2)
Tempêtes de vent, cyclones	Brassage de la colonne d'eau	X (Libération des gaz séquestrés dans l'hypolimnion)	X (Le brassage de l'eau pourrait réduire l'anoxie de l'eau)

Ces prévisions sont faites en fonctions des connaissances scientifiques actuelles. Des études complémentaires plus exhaustives sur les émissions de GES des réservoirs sont nécessaires à l'échelle planétaire pour une meilleure compréhension des mécanismes impliqués, et pour anticiper les effets des changements climatiques sur ces processus.

measurement guidelines report for freshwater reservoirs under the aegis of the International Hydropower Association (UNESCO/IHA, 2010). These methods have recently been used in Laos (Deshmukh et al., 2014; Chanudet et al., 2011), China (Zhao et al., 2015), Australia (Bastien and Demarty, 2013), Malaysia (unpublished data), Cameroun (2014-2020, Demarty pers. comm) and Canada (Marchand et al., 2012; Venkiteswaran et al., 2013; Pelletier et al., 2014).

At this time, it is now possible to model long term GHG emissions from reservoirs from regular water quality follow-up and in situ emission measurements. This exercise has been done by Delmas et al. (2005), then by Descloux et al. (2014) and Chanudet et al. (2015) using a 3D numerical model. Teodoru et al. (2012) extrapolated empirical trends over the projected life span (100 years) of their studied reservoir (see also UNESCO/IHA, 2010 about this method).

8.5. IMPACT OF FUTURE CLIMATE CHANGE ON GHG EMISSIONS FROM RESERVOIRS

Previous chapters introduce the impact of climate change on precipitation and runoff, erosion and sediment transport, flow regime and residence time, etc. All these parameters influence watersheds carbon and nutrient dynamics and therefore may affect GHG emissions for both reservoirs and natural aquatics ecosystems. Table 1 gives some examples of the anticipated increase or decrease in gross GHG emissions from reservoirs for different scenario related to climate change impacts at the watershed scale. When considering net reservoir GHG emissions, these changes could be smaller as natural ecosystems (aquatic and terrestrial) will also be affected by climate change.

Table 8.1
Examples of impact of events related to climate change on reservoirs GHG emissions

At the watershed scale	In the reservoir	GHG emission increase	GHG emission decrease
Increase in erosion	Increase sediment transport and OM concentration	X (increase in OM availability)	
Increase in precipitation	Decrease in residence time		X (decrease in OM availability)
Increase in air temperature - Drought	increase in water column temperature	X (CO_2)	
	Shallower water column	X (CH_4 bubbling)	X (CH_4 oxidation in CO_2)
Wind storms, cyclones	Water column mixing	X (release of gases accumulated in the hypolimnion)	X (turnover may reduce water anoxia)

These previsions are made according to the state of the science. But additional exhaustive studies on GHG emissions from reservoirs are necessary world-around to better understand the mechanisms involved and anticipate the impact of climate change on these processes.

9. STRATÉGIE D'ADAPTATION. CAS D'ÉTUDE

9.1. PRINCIPES D'ADAPTATION

À l'échelle mondiale, des enseignements émergent quant à l'adaptation des pratiques et des politiques de gestion des ressources en eau dans le contexte des changements climatiques. À l'échelle locale, l'intégration de ces leçons est encore assez hétérogène. Ce chapitre présente quelques réflexions sur ce sujet.

La plus probable des affirmations au sujet des changements climatiques est la suivante : le futur sera différent du présent. La vie en conditions extrêmes pourrait devenir la norme dans certaines régions s'écartant ainsi de ce qui était conventionnel. Ainsi, des évènements météorologiques extrêmes seraient plus fréquents et moins prévisibles; cela signifie des périodes plus longues de sécheresse ou sécheresse extrême, plus d'inondations et finalement moins de périodes actuellement considérées comme « normales ». L'approche d'ingénierie traditionnelle a parfois tendance à prescrire des actions relatives à des événements hautement prévisibles; elle n'est donc pas nécessairement adaptée à la nature imprévisible des changements climatiques (par exemple, en Australie, d'une part la sécheresse sans précédent dans le bassin versant de Murray-Darling et d'autres part des inondations extrême dans d'autres régions).Alors que les impacts des changements climatiques se dévoilent, les limites des approches passées en termes de gestion des systèmes hydrographiques (c'est-à-dire l'ensemble des cours d'eau, fleuves rivières) s'imposent à nous. De nouvelles approches d'ingénierie sont requises.

Il y a une prise de conscience croissante du besoin de réformes innovantes des politiques des gestion de l'eau et des capacités institutionnelles, particulièrement dans les régions sujettes à la sécheresse ou à d'autres problèmes de rareté de la ressource en eau. Cependant, les impacts des changements climatiques et les opportunités d'adaptation vont varier et changer significativement d'une région à l'autre. Les facteurs distinctifs importants incluent :

- Les caractéristiques hydrologiques et les ressources en eau des systèmes hydrographiques en question;

- Les prédictions pour la région sous l'effet des changements climatiques : la région va-t-elle s'assécher, subir des variations météorologiques extrêmes ou au contraire avoir un climat plus humide;

- Les infrastructures : celles en place sont-elles suffisantes ou faut-il développer la région? (Cela inclut les barrages et réservoirs mais aussi les systèmes de gouvernance, de communication, etc...);

- Le niveau de vie : les communautés de la région sont-elles en développement ou leur niveau de vie est stable et adapté à l'approvisionnement en eau?

- Les pratiques et valeurs culturelles locales;

- L'évolution des besoins des écosystèmes aquatiques (sous l'effet d'un climat changeant).

Par le passé, les barrages et réservoirs ont joué un rôle important dans l'adaptation aux impacts des variations climatiques. Cependant, dans des circonstances de raréfaction de la ressource en eau liée aux changements climatiques, une attention croissante sera certainement portée à résoudre les problématiques complexes à l'échelle des bassins versants ce qui requiert une combinaison de compétences techniques et institutionnelles.

9.   ADAPTATION STRATEGY. CASE STUDIES

9.1.   ADAPTATION PRINCIPLES

From around the world, lessons are emerging for adapting both practice and policy in water resources management under climate change. How these lessons will be integrated locally are likely to be different. Some thoughts for discussion are included in the following.

The best assumption about climate change is: in the future, it will be different from what we think now. Living with extremes may become the norm for some regions, totally departing from convention. In some regions the weather systems are becoming more extreme and less predictable on both ends, that means more time spent in drought/ extreme drought, more flood events and less time spent under conditions that are currently thought to be "normal". Traditional engineering approaches, which tend to be prescriptive in nature and well-suited for highly predictable events, are not necessarily suitable for the unpredictable nature of climate change (eg experiences with unprecedented drought in the Murray-Darling Basin and extreme flooding at sites across Australia). As the impacts of climate change unfold, we are beginning to see the limits that the past approaches to river management are imposing on our future. New engineering approaches are required.

There is growing recognition for innovative water policy reform and institutional capacity, particularly where drought and other water scarcity related problems are a concern. However, the impacts due to climate change and adaptation opportunities will vary and differ significantly from one region to another one. Important differentiating factors include:

- Hydrological and water resources system characteristics

- Climate change: is the region drying, extremely variable climate or wetting?

- Infrastructure: does substantial infrastructure already exist or is it a region to be developed? (this could be in the form of dams and reservoirs, but also infrastructure for governance, communications, etc.)

- Living standards: are the communities in the region developing to improve their standard of living or is it already developed and accustomed to a higher supply of water/standard of living?

- Cultural/ indigenous values and practices

- Environmental water - water needs for environmental functions (under modified and enhanced climatic conditions)

In the past, dams and reservoirs have featured prominently in adapting to the impacts of climate change. However, under circumstances of water scarcity due to changes in climate, for example, it is expected that there will be an increasing focus on resolving complex basin-scale issues for which a combination of technical and institutional skills are required.

Bien sûr, il n'y a pas de baisse de demande d'expertise technique d'ingénierie, laquelle est cruciale. Mais la nature de cette expertise technique et son adoption par les parties prenantes en dehors de la profession sont en mutation dans le contexte des changements climatiques. Les solutions techniques sont une des multiples facettes qui émergent. Sans surprise, le rôle des ingénieurs s'accroit de même que leur sphère d'influence. Plutôt que de se concentrer seulement sur des solutions pour des infrastructures spécifiques, la portée du défi s'est élargie à l'échelle de bassins versants de grandes rivières et la gestion de systèmes hydrographiques complexes à usages multiples ou regroupant de plus petits bassins. Des exemples d'adaptation sont présentés dans la *Directive-cadre européenne sur l'eau* (DOI 10.2779/75396), la *Loi australienne sur l'eau* (https://www.legislation.gov.au/Details/C2016C00469), et autres initiatives équivalentes sur la planification et la gestion des ressources en eau.

Dans le passé, l'emphase était mise sur le design d'infrastructures critiques permettant d'assurer l'approvisionnement en eau pour la consommation et le développement économique. Considérant les défis liés aux changements climatiques, les gestionnaires de systèmes hydrographiques doivent à présent prendre en compte et combiner plusieurs objectifs :

1. La mitigation des risques, incluant les impacts des sécheresses et des inondations,

2. La santé humaine, avec les services d'approvisionnement en eau, le traitement et l'assainissement des eaux usées,

3. Le développement économique, avec les services liés aux infrastructures, à l'hydroélectricité et à l'irrigation,

4. La protection de la qualité de l'eau, comprenant la réduction de la pollution pour les rivières directement impactées et pour leurs confluents,

5. La protection et la restauration des écosystèmes tels que les zones humides, des rivières, les plaines inondables et les zones ripariennes,

6. Le tourisme et les activités récréatives,

7. La navigation, avec des conditions propices et facilitant l'usage d'« autoroutes » fluviales.

Les gestionnaires de ces systèmes hydrographiques font face à des défis significatifs dans le but d'atteindre ces objectifs dans le contexte des changements climatiques, allant ainsi au-delà du rôle classique de l'ingénierie civile. Dans certaines régions arides et semi-arides par exemple, des ingénieurs conçoivent des projets environnementaux et des mesures qui garantissent les apports en eau pour le milieu naturel et ainsi des systèmes hydrographiques « en santé » à l'échelle des bassins versants. Plus particulièrement pour ces régions arides et semi-arides (caractérisées par des climats très variables qui s'assèchent), la notion de *limite* (au sein du concept de développement durable) en ce qui a trait à l'utilisation de l'eau pour la consommation humaine ou le développement économique remet en question les habitudes de développement et de croissance économique et sociale. En conséquence, l'implication des ingénieurs est critique dans la mise en place de nouvelles bases de connaissance et de mesures d'adaptation des systèmes à l'échelle des bassins versants. Cette expertise pratique complète non seulement la recherche scientifique sur les impacts des changements climatiques, la vulnérabilité des rivières et des écosystèmes, le cycle des particules (comme le carbone ou les éléments nutritifs), mais aussi la planification du contrôle des inondations, l'utilisation de la ressource en eau versus la conservation environnementale, etc.

La problématique des changements climatiques gagne en visibilité et il devient fondamental pour les ingénieurs de fournir de l'information précise et crédible facilement assimilable pour les experts des autres domaines mais aussi par le public, afin que ces considérations techniques et pratiques soient appréciées. Ceci représente un challenge considérant la complexité des problématiques et le fait que la science explore de nouvelles frontières. La meilleure science disponible actuellement ne représente qu'un guide; son interprétation ne mènera pas indubitablement à la meilleure réponse, à une solution. À cause de la grande variabilité des contextes géophysiques, sociaux ou encore politiques dans lesquels se situent les systèmes hydrographiques gérés, l'adaptation va nécessairement varier pour s'y ajuster.

Clearly, there is no less demand for the technical expertise of the engineer. It is critical. But the very nature of this technical expertise and how it is adopted by others outside the engineering profession is changing in the face of climate change. Technical solutions are only one facet of several that are emerging. Not surprising, the role of engineers is expanding and so is their sphere of influence. Rather than focus solely on solutions for infrastructure at specific locations, the scope of the challenge has expanded to the scale of large river basins with complex river management systems serving multiple purposes or groupings of smaller basins. Examples of adaptations are set out in the EU Water Framework Directive, Australia's Water Act, and other equivalent integrated water resource planning and management initiatives.

In the past, there was a focus on designing critical infrastructure for securing supplies of water for human consumption and economic development. Given the challenges of climate change, river managers are now being expected to deliver multiple objectives in combination, including:

1. risk mitigation – including flood and drought impact mitigation,

2. human health objectives - services focused on water supply, wastewater treatment and sanitation,

3. economic development objectives – services focused on infrastructure, hydroelectricity and irrigation,

4. water quality protection – pollution reduction of rivers directly as well as the receiving waters to which rivers discharge,

5. ecological protection and enhancement – protecting and/or restoring wetlands, rivers, flood plains and riverine environments,

6. tourism & recreation,

7. navigation – ensuring suitable conditions and arrangements for the function of the "river highways".

River managers face significant challenges in achieving these objectives in light of climate change, going well beyond the classic civil engineer's role. In some arid and semi-arid parts of the world, for example, engineers are designing environmental works and measures to secure sufficient water to sustain the natural environment and healthy river systems on a broad river basin scale. Particularly for arid to semi-arid regions (characterized by drying and highly variable climates), the notion of *sustainable limits* to human/ economic *water consumption* is challenging commonly held views on social and economic *development and growth*. As a consequence, engineers are critical in building the new knowledge base and making adaptations at the scale of the river basin/ river systems. This practical expertise complements scientific research on climate change impacts to and vulnerability of rivers and ecosystems, material (such as carbon and salt) cycles, and planning for flood control, water use and environmental conservation, and other efforts.

As climate change gains visibility, it is becoming a fundamental task of engineers to provide accurate and credible information that is easy to digest by experts in other fields as well as by the public to gain appreciation for technical and practical considerations. This is a challenging task given the complexity of the issues. It is also challenging because science is also exploring new frontiers. The best available science is only a guide; its interpretation does not irrefutably lead to any one best answer, a solution. Because of the high degree of variation in geo-physical, social and political context in which the management and planning of river systems occurs across the globe, adaptation will necessarily vary to suit the local context.

À mesure que la compréhension grandit et que les points de vue changent autour de la gestion des ressources en eau dans le contexte de changements climatiques, il en va de même pour ce que les modes de gestions mis en place par les ingénieurs. Prenons à nouveau comme référence les régions arides et semi-arides; dans certains endroits on s'attend à ce que les inondations soient plus intenses et fréquentes et ce également pour des régions en développement. En Australie, les récentes inondations dues à des événements de pluies intenses ont mis en évidence les limites du stockage de l'eau et des options pour son transport. Dans certaines circonstances, il est apparu moins important de savoir si les eaux de crue pourraient être totalement contenues plutôt que de s'assurer qu'elles puissent être gérées de façon à « passer en toute sécurité » le long de tout le cours d'eau. À la lumière de ces nouvelles considérations, les points de vue quant à la gestion des inondations sont en train de changer graduellement. Occasionnellement, des décisions sont prises pour éviter un développement non durable dans les plaines inondables et en contrepartie favoriser la connectivité des milieux humides, qui fournissent une protection naturelle contre les inondations (comme des bassins de rétention), des services aux écosystèmes et supportent une agriculture productive. Ce changement dans les décisions de gestion peut être accentué dans certains endroits où les inondations sont plus importantes que les évènements de pluie pour le maintien de l'humidité des sols et la recharge de la nappe phréatique. Il ne s'agit cependant pas de diminuer le rôle crucial des infrastructures pour le stockage et l'approvisionnement en eau (dans un monde de plus en plus assoiffé), la production d'énergie ou de nourriture et la protection contre les inondations; il ne s'agit pas non plus d'ignorer la réduction des émissions de carbone issue des améliorations dans les étapes de construction, d'opération ou de maintenance des infrastructures critiques.

Par le passé, les ingénieurs travaillaient à définir et à résoudre des problématiques site-spécifiques, souvent seuls. À l'heure actuelle, en raison de la nature complexe des livrables, des objectifs multiples et des cadres décisionnels, cela n'est plus concevable. Les ingénieurs doivent travailler avec les décideurs, les politiciens, les scientifiques (spécialisés en ressources naturelles ou en études sociales), les économistes et la communauté. Les options d'adaptation doivent être évaluées par un large éventail de collaborateurs. Et bien que le concept de collaboration soit simple en soi, il n'est pas facile à mettre en œuvre. Sans collaboration, les politiques et actions sont sujettes à un manque de coordination et difficilement ciblées à l'échelle des bassins versants; cela peut engendrer une inefficacité exacerbant les risques et les coûts associés. En outre, ce qui était considéré comme « la règle de l'art » est maintenant pertinente uniquement pour des objectifs et circonstances spécifiques. Lorsque la ressource en eau est limitée, les objectifs de croissance et développement économique sont remis en question. En conséquence, l'implication des communautés dès le début des processus de prise de décisions relatives aux ressources en eau est cruciale pour la définition des priorités d'adaptation et le développement des options et stratégies.

Il est reconnu que les priorités d'adaptation vont varier d'un pays à l'autre, d'une région à l'autre et dans le temps. Quelques soient les priorités, la nécessité de prendre en compte les changements climatiques va déterminer le mode de gestion de l'eau. Les changements climatiques modifient les relations entre les systèmes – hydrologiques, écologiques, économiques et sociétal. La gestion des changements requiert une adaptabilité quant à la quantité d'eau disponible, sa qualité et quant à la variabilité de ces paramètres; cela inclut des mesures permettant de traiter avec des conditions environnementales et économiques sans précédent et des mesures pour faciliter les ajustements sociaux dans les régions touchées.

Gérer un système stationnaire est différent de gérer un système en mutation, caractérisé par l'incertitude entourant la prévision des changements climatiques futurs et de leurs impacts, des changements de circonstances et d'expérience, et des seuils écologiques et points de non-retour potentiels. La *gestion adaptative* est une approche d'apprentissage par problèmes de gestion visant l'amélioration de la gestion (Holling, 1978). C'est « apprendre à gérer en réussissant à apprendre » (Bormann et al, 1993). Un processus de gestion adaptative prend en compte les incertitudes inhérentes à notre compréhension des processus d'un réseau hydrographique, les impacts des options de gestion de l'eau et les futures changements et menaces. Les priorités de la communauté, des perceptions et attentes étant aussi dynamiques, cela implique que la gestion des ressources en eau doive être flexible et évolutive. La gestion adaptative est une constante enquête sur la nature du réseau hydrographique et sur les hypothèses qui sous-tendent cette enquête.

We can also observe that as understanding grows and views change around water resources management under climate change, so does what we manage for. Taking again arid and semi-arid regions as a point of reference, in some location's floods, for example, can be expected to increase in intensity and or frequency, including in developed areas. In Australia, recent flooding due to extreme rainfall events is demonstrating that floodwater storage and conveyance options may be limited. In some circumstances, the view of *complete containment* of floodwater has become no longer as significant as whether floodwater can be managed to be "passed safely" along the whole watercourse. In light of this, views around flood management are gradually shifting. Occasionally it can be observed that consideration is being given to decisions that avoid unsustainable development on floodplains, in favour of decisions that allow the connection of wetlands which provide natural flood protection features (such as retention basins), provide ecosystem services, and support productive agriculture. This shift in management focus may also be reinforced in some locations where the question is raised whether flooding may be more important for soil moisture and groundwater recharge than rainfall events. This is not intended to diminish the critical role of infrastructure in water storage and delivery in an increasingly thirsty world, energy production, food production and flood protection; nor does it ignore improvements associated with the construction, operations or maintenance of critical infrastructure that will provide carbon emissions reductions.

In the past, engineers worked to define and solve quite site-specific problems, commonly on their own. Today, due to the complex nature of the deliverables, multiple objectives, and the decision-making setting, this is no longer achievable. Engineers are being asked to work alongside decision makers, politicians, natural resource scientists, social scientists, economists, and the greater community. Adaptation options are to be assessed by a wide range of collaborators. Collaboration is a simple concept, yet it is not easy to achieve. Without collaboration, policies and actions are likely to be uncoordinated or poorly targeted at the basin or river system scale, possibly creating inefficiencies that may exacerbate some risks that are potentially costly. Furthermore, what is best, or "best practice", is likely to be relevant only to a specific purpose and circumstance (ie there is no "universal" best practice). More importantly, when water availability is limited, views on social and economic development and growth are likely to be challenged. Therefore, public involvement and support early in the decision-making process around water resources management will also pave the way for constructive decision-making about adaptation priorities and the development of options and strategies.

It is recognized that adaptation priorities will differ from country to country, region to region and over time. Whatever the priorities are, the need to deal with climate change will drive how water is managed. Climate change alters system relationships - hydrological, ecological, economic and societal. Managing for climate change requires adaptability to water quantity, water quality and variability, and includes measures to deal with unprecedented environmental conditions and unprecedented economic and societal pressures, as well as measures to facilitate social adjustment in the region.

Managing a stationary system is different from managing a system undergoing change, characterized by uncertainty in predicting the future changes in climate and their impacts, changing circumstances and experience, and potential ecological thresholds & tipping points. *Adaptive management* is an approach that involves learning from management actions, and using that learning to improve management (Holling, 1978). It is "learning to manage by managing to learn" (Bormann *et al*, 1993). An adaptive management process recognizes uncertainties inherent in our understanding of river system processes, impacts of water management options and future changes and threats. Community priorities, perceptions and expectations are also dynamic. This means that water resources management needs to be flexible and able to evolve. Adaptive management is an ongoing inquiry into the nature of the river system and the assumptions underpinning this inquiry.

La *gestion adaptative* suppose que les possibles obstacles scientifiques et techniques rencontrés par les experts ne seront pas tous résolus. Les questions relatives aux ressources et à l'environnement sont complexes et impliquent des interactions dont la compréhension requiert une interdisciplinarité. Le jugement des scientifiques et des experts techniques est souvent contraint par leur éducation de niche et n'inclut probablement pas les motivations humaines et leurs réactions face au système à étudier et à gérer. Il est peu probable qu'une seule discipline soit en mesure choisir efficacement quels actifs environnementaux devraient bénéficier de l'eau quand celle-ci manque, et que l'ajustement sociétal, des différends ou encore l'inaction (dans un contexte de problèmes préexistants tels que, par exemple, la surallocation d'eau à des fins humaines dans les régions où l'eau est limitée) viennent ajouter de la pression.

La *gestion adaptative* suppose que les actions et les décisions sont effectives uniquement dans la mesure où elles tiennent compte d'une incertitude solide, considèrent une panoplie de stratégies plausibles, sont informatives et réversibles. Elle sera mise en place avant que le consensus scientifique ne soit atteint et remettra en question les revendications de durabilité qui peuvent conduire à la complaisance et à la dégradation des systèmes.

La mise en œuvre réussie d'une stratégie de gestion adaptative implique que les incertitudes dans les résultats soient considérées à toutes les étapes du processus. C'est pour cette raison qu'une approche « Sans regrets » est recommandée (Figure 9.1). Cette approche implique d'intervenir ou d'agir pour réduire un risque actuel ou futur et, à la suite de cette intervention, de modéliser les futurs possibles tout en surveillant les performances du système.

Dans le cas où le modèle et/ou le suivi donne des résultats inacceptables, alors des investigations complémentaires peuvent être évaluer puis mises en place. Dans la plupart des systèmes, le degré de confiance dans les résultats futurs augmente alors et l'incertitude diminue comme indiqué dans la Figure 9.1. Cette approche par étapes est souvent la méthode la plus flexible et la plus efficace pour traiter des problèmes complexes et chaque intervention ou action est entreprise selon les meilleures limites de confiance disponibles, selon une véritable approche « sans regrets ».

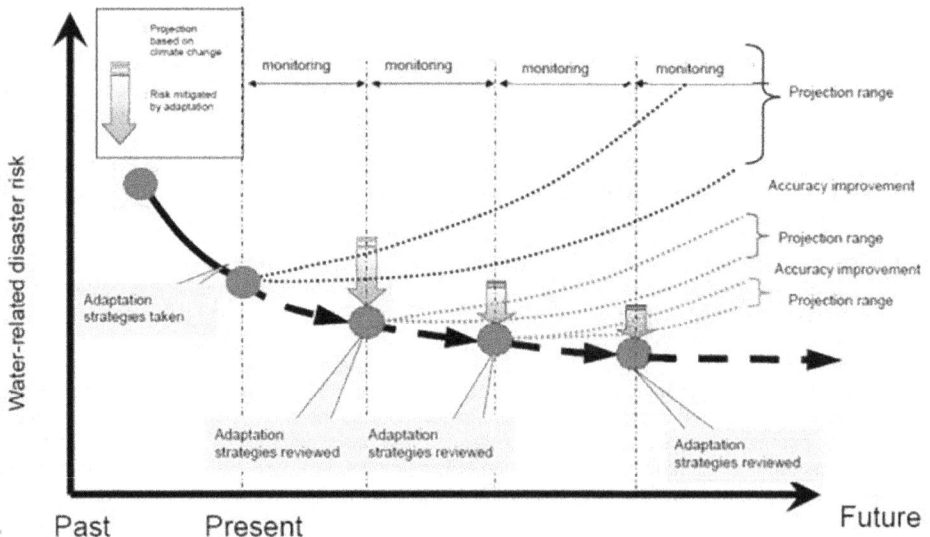

Fig. 9.1
L'approche « Sans regrets » de gestion adaptative

124

Adaptive management assumes that although science and technical experts may recognize problems, they may not necessarily fix them. Issues involving resources and the environment are complex, involving interactions whose understanding involves many disciplines. The judgment of scientists and technical experts is often constrained by their training in their respective disciplines, and unlikely to include human motivation and responses as part of the system to be studied and managed. Any single discipline is unlikely to be able to singlehandedly address effectively hard choices about which environmental assets will be given water when water is limited; societal adjustment (compounding existing adjustment pressures); disputes and inaction (against a backdrop of the pre-existing issues such as, for example, the over-allocation of water for human uses in water limited regions).

Adaptive management recognizes that actions and decisions are only effective to the degree they take uncertainty into account, consider a variety of plausible strategies; are robust to uncertainties, informative, reversible. It will act before scientific consensus is achieved. And it will question claims of sustainability that may lead to complacency and degradation.

The successful implementation of an *adaptive management* strategy recognises the uncertainties in outcomes at any stage along the process. It is for this reason that a "No Regrets" approach to adaption is recommended. Such an approach is illustrated in Figure 9.1 below. The "No Regrets" approach involves undertaking some form of intervention or action to reduce a current or perceived future risk, and at the completion of that intervention modeling future possible outcomes, and monitoring system performance.

If the future outcomes are unacceptable or monitoring indicates an unacceptable outcome, then further interventions can be assessed and implemented. In most systems as various interventions are progressively implemented, the degree of confidence in future outcome increases and uncertainty decreases as indicated in the Figure 9.1. This staged approach is often the most flexible and efficient method of addressing complex issues and each intervention or action is undertaken within the best available confidence limits, on a true "No Regrets" approach.

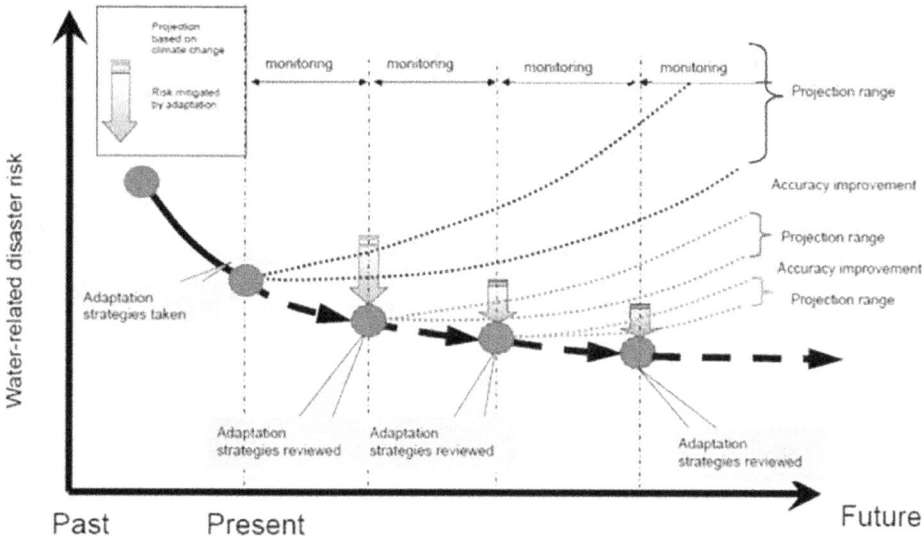

Fig. 9.1
No Regrets Approach to Adaptive Management

Malgré la diversité des expériences à travers le monde, plusieurs thèmes récurrents peuvent être identifiés et servir de principes directeurs :

Principes :

1. Les impacts projetés des changements climatiques sur les ressources en eau, les inondations et les sécheresses sont incertains et ne peuvent fournir d'informations exactes aux décideurs sur le rythme des changements futurs. Ils peuvent cependant fournir des informations générales très utiles, et peuvent servir aux fins d'évaluations préliminaires/initiales;

2. La disponibilité et la qualité de l'eau sont les pierres angulaires du développement social et économique et de la durabilité environnementale;

3. Dans un contexte d'élargissement du système de ressources en eau, les barrages et les réservoirs deviennent une partie intégrante d'une stratégie d'adaptation à multiples facettes, et non un objectif unique;

4. La collaboration entre plusieurs disciplines, intérêts et parties prenantes est nécessaire pour assurer une gestion coordonnée et bien ciblée des ressources en eau;

5. L'adaptation au changement climatique nécessitera plus qu'une solution technologique;

6. Le meilleur plan d'adaptation comprend l'engagement à commencer sa mise en œuvre;

7. La participation, l'engagement et, idéalement, le soutien du public au début du processus décisionnel ouvriront également la voie à une prise de décision constructive concernant les priorités d'adaptation et l'élaboration d'options et de stratégies;

8. La gestion adaptative planifiée (et coordonnée) vise à remplacer les réponses ad hoc par des dispositions (politiques) à long terme, qui peuvent comprendre des mesures d'urgence provisoires (ceci est particulièrement critique dans le cas de la gestion de l'approvisionnement en eau en période de sécheresse extrême et prolongée);

9. Les pratiques de consommation humaine qui portent atteinte à l'environnement sont, en tant que telles, non durables, en particulier pour les régions arides et semi-arides où des sécheresses plus fréquentes sont probables à l'avenir en raison des changements climatiques;

10. La préparation aux inondations la plus sûre permet aux inondations de «passer en toute sécurité» plutôt que de viser un confinement complet car le confinement complet peut ne pas être réalisable dans un contexte de changements climatiques;

11. L'eau doit être d'une qualité appropriée à l'usage auquel elle est destinée.

9.2.   MESURES D'ADAPTATION STRUCTURELLES ET FONCTIONNELLES

Les principes énoncés ci-dessus démontrent clairement qu'une adaptation réussie doit être une combinaison de changements structurels et fonctionnels et de collaboration intense entre différentes disciplines. Ceci est essentiel pour garantir que toutes les parties prenantes et les parties intéressées auront adhéré à la solution proposée. En tenant dûment compte de la grande diversité des impacts probables des changements climatiques, il n'est plus approprié de considérer la « solution technique », telle la construction d'un nouveau barrage, l'augmentation de la capacité du réservoir ou l'agrandissement d'un évacuateur, comme seule voie à suivre. Cette approche a été valable un certain nombre d'années, mais les changements à venir et les niveaux d'incertitude associés signifient qu'une combinaison d'améliorations structurelles et de changements opérationnels est encore plus cruciale pour fournir la flexibilité nécessaire à la sélection des solutions.

Despite the diverse range of experiences across the globe, several reoccurring themes can be identified that may serve as guiding principles which are summarised as follows:

Principles:

1. Projected Impacts of climate change in water resources and floods and droughts are uncertain and cannot provide exact information of the rate of future changes to decision-makers, but they can offer very useful general information, and they could serve as preliminary and initial assessment.

2. Water availability and water quality are cornerstones of social and economic development, and environmental sustainability.

3. In the expanded context of the water resources system, dams and reservoirs become an integral part of a multifaceted adaptation strategy, not the single focus.

4. Collaboration across multiple disciplines, interests and stakeholders is necessary to provide coordinated and well targeted water resources management.

5. Adaptation to climate change will take more than a technological fix.

6. The best *plan* for adaptation includes a commitment to commence its implementation.

7. Public involvement, engagement and, ideally, support early in the decision-making process will also pave the way for constructive decision-making about adaptation priorities and the development of options and strategies.

8. Planned (and coordinated) adaptive management aims to replace ad hoc responses with long-term (policy) arrangements, which may include interim contingency measures (This is particularly critical in the case of managing water supplies in times of extreme and prolonged drought.).

9. Human consumption practices that undermine the environment are, as such, unsustainable, in particular for arid and semi-arid regions where more frequent drought events are probable in the future due to climate change.

10. The safest flood preparedness allows floods to "pass safely" rather than aiming for complete containment as complete containment may not be achievable with climate change.

11. Water must be of suitable quality for its intended purpose.

9.2. STRUCTURAL OR FUNCTIONAL ADAPTATION MEASURES

The principles outlined above clearly demonstrate that successful adaptation must be a combination of structural and functional changes combined with a high degree of collaboration across the different disciplines. This is essential to ensure that all stakeholders and interested parties will have 'buy in' to the preferred solution. When taking due account of the wide diversity of likely climate change impacts it is no longer appropriate to consider the 'technical fix', such as building a new dam, increasing the reservoir capacity or providing a larger spillway as the only way forward. This approach has been valid for a number of years, but the changes arising from climate change and the levels of uncertainty that are associated with the problem, means that a combination of structural improvements and operational changes is even more important in order to provide the flexibility in solution selection that the problems demand.

9.2.1. Mesures d'adaptation structurelles

Les mesures d'adaptation structurelle comprendront des modifications physiques sur les infrastructures existantes ou la construction de nouvelles infrastructures afin d'atténuer les impacts des changements climatiques. Dans certains cas, ces mesures permettront de maintenir la fonctionnalité, la sécurité et l'efficacité des ouvrages et de satisfaire aux critères de conception d'origine à la lumière des impacts prévus. Cependant, dans d'autres cas, il est probable que les changements structurels atténueront non seulement les impacts négatifs résultant des changements climatiques, mais entraîneront même une amélioration des performances.

L'ajout de nouvelles caractéristiques physiques aux projets à venir pour répondre aux éventuels impacts futurs pourrait être difficile à justifier sur le plan économique. Cependant, il faudrait tout de même en tenir compte, car dans le cas contraire le projet pourrait présenter un niveau de risque inacceptable. Prenons par exemple l'ajout d'une capacité de stockage en amont ou la dérivation des débits d'eau pour compenser la variabilité accrue des débits ou pour contribuer à la réduction des débits de pointe ou faibles.

Voici une liste de mesures structurelles potentielles qui pourraient être appliquées en prévision ou comme adaptation progressive aux changements climatiques :

- Modifier le nombre et le type de portes de contrôle de l'eau à la fois pour la gestion des inondations et les besoins d'évacuation;

- Augmenter la capacité des évacuateurs et / ou avoir des évacuateurs d'urgence;

- Ajouter des portes contrôlables pour libérer les évacuateurs de crue afin de mieux réguler des pics d'inondation;

- Modifier la dimension des canaux ou tunnels destinés au transfert d'eau;

- Créer de nouveaux réservoirs de stockage en amont des ouvrages existants et examiner la polyvalence des projets de réservoirs;

- Modifier la capacité de stockage actif des réservoirs en augmentant la hauteur des ouvrages et / ou en augmentant le seuil des évacuateurs;

- Augmenter la hauteur de marnage au-dessus du niveau maximal de l'eau afin de tenir compte des augmentations prévues de l'élévation des crues et surcharges;

- Remplacer ou renforcer la protection des talus en amont pour fournir une protection satisfaisante contre l'érosion dynamique accrue des vagues.

Ces modifications structurelles seront applicables aux projets de barrage et de réservoir de toutes sortes et la plupart des gestionnaires et ingénieurs des ressources en eau deviendront familiers de ce type d'interventions, incluant les coûts probables, les défis techniques et les avantages qui pourront être réalisés. Cependant, les incertitudes liées aux changements climatiques ajouteront inévitablement un degré supplémentaire d'incertitude à ces derniers aspects. Une chose est certaine : à l'avenir, il y aura un besoin accru de modification, d'adaptation et de changement. Pour relever ces défis, les interventions structurelles, y compris la conception de nouveaux barrages, devront être planifiées et exécutées de telle sorte que, si nécessaire, des évacuateurs supplémentaires ou d'autres composants physiques pourraient être introduits dans le projet à une date ultérieure.

9.2.1. Structural Adaptation Measures

Structural adaptation measures will incorporate physical modifications to existing projects or the construction of new infrastructure in order to alleviate the impacts of climate change. In some cases, these measures will be introduced to maintain the functionality, safety, and effectiveness of the works and to satisfy the original design criteria in the light of predicted climate change impacts. However, in other cases, it is likely that the structural changes will not only mitigate negative impacts arising from climate change, but even result in improved performance.

Even though incorporating physical characteristics into new projects to cater for possible future impacts of climate change might be economically difficult to justify, it would still need to be considered particularly if the project would otherwise have an unacceptable level of risk of not performing to expectation. A practical example of this would be the addition of upstream storage capacity or water flow diversion to compensate for increased variability of flows, or to contribute to the reduction of peak or low inflows.

The following is a list of potential structural measures that could be applied in anticipation of – or progressive adaptation to – climate change:

- Change the number and type of water control gates both for flood management and water release requirements.

- Increase in the capacity of the spillway works and/or the provision of emergency spillways.

- Add controllable gates to free overflow spillways in order to provide greater regulation of flood peaks.

- Modify the dimension of canals or tunnels that are for water transfer.

- Create new upstream storage reservoirs and re-consider the multi-purpose potential of new reservoir projects.

- Modify the active storage capacity of reservoirs by increasing the height of the storage dam and/or raising the sill level of the overflow works.

- Increase the amount of freeboard above top water level in order to accommodate predicted increases in flood rise and wave surcharge values.

- Replace or reinforce upstream slope protection such as riprap to provide satisfactory erosion protection under increased dynamic loading from waves.

These structural modifications will be applicable to dam and reservoir projects of all kinds and most water resources managers and engineers will be very familiar with this kind of physical intervention, including the likely costs, the technical challenges and the benefits that can be realised. However, the uncertainties associated with climate change driven projects will inevitably add a further degree of uncertainty to all of these aspects. One thing that is certain is that in the future there will be an increased need to modify, adapt and to change. To meet these challenges structural interventions including the design of new dams will need to be planned and executed in such a way that, if needed, additional spillways or other physical components could be introduced into the project at a later date.

9.2.2. Mesures d'adaptation fonctionnelles

Contrairement aux modifications physiques des ouvrages, les instruments fonctionnels ou non structurels sont des modifications des politiques d'exploitation. Ils peuvent bien sûr être appliqués seuls, sans apporter aucune modification à la configuration structurelle et aux dimensions du projet, bien que dans d'autres cas, un équilibre optimal des adaptations structurelles et non structurelles puisse souvent être le moyen le plus approprié pour répondre aux besoins face aux changements climatiques. Ce qui suit constitue une liste d'actions fonctionnelles qui pourraient être appliquées :

- Développer ou améliorer des outils de prévision hydrologique, y compris l'élaboration et l'application de mesures appropriées pour faire face aux événements hydrologiques extrêmes;

- Améliorer les technologies d'évaluation de la performance des projets et identifier les moyens de les faire fonctionner dans des conditions climatiques modifiées;

- Apporter des modifications aux règles d'exploitation, par exemple les côtes maximales des réservoirs, afin de fournir une zone tampon accrue pour le stockage des inondations;

- Modifier les exigences fonctionnelles de composantes spécifiques du projet;

- Modifier le prix de l'électricité, de l'énergie ou de l'eau. Cela pourrait avoir un impact sur l'extraction de l'eau pour l'irrigation, les activités industrielles et autres activités de consommation;

- Améliorer la coordination du fonctionnement du projet avec les autres usages de l'eau du bassin versant;

- Améliorer les technologies utilisées pour coordonner l'interaction de divers projets hydroélectriques ainsi que l'exploitation globale de complexes impliquant plusieurs bassins versants;

- Modifier les règles qui ont une influence sur les loisirs, l'irrigation, l'approvisionnement en eau et le captage d'eau industrielle;

- Améliorer le processus de communication et de prise de décision des différentes parties prenantes;

- Identifier les impacts des changements climatiques sur les différents utilisateurs d'eau dans un bassin versant;

- Créer des organismes de réglementation chargés d'élaborer et d'appliquer des stratégies d'exploitation améliorées;

- Promouvoir l'éducation et l'information des citoyens au sujet de l'impact des changements climatiques, dans l'espoir de trouver des mesures d'adaptation qui compenseraient ou réduiraient les impacts négatifs sur les barrages et les réservoirs;

- Améliorer les approches de coopération entre les différents utilisateurs d'eau dans un bassin versant;

- Modifier les accords juridiques entre divers gouvernements, intervenants et autres identités qui ont un impact sur le fonctionnement du bassin versant;

9.2.2. *Functional Adaptation Measures*

In contrast with the physical changes to the works, the functional or non-structural instruments are modifications to operating policies. They can of course be applied alone, without making any modification to the structural configuration and dimensions of the project, although in other cases an optimal balance of structural and non-structural adaptations may frequently be the most appropriate way of meeting the needs of climate change. The following constitutes a list of functional actions that could be applied:

- Developing or improving hydrological forecasting tools including the development and application of appropriate measures to deal with extreme hydrological events.

- Developing of improved technologies to evaluate the performance of projects and to identify ways of operating them under modified climatic conditions.

- Bringing changes to operating rules such as revised reservoir level limits in order to provide an increased flood storage buffer.

- Modification to the functional requirements of specific components of the project.

- Modification to the price of power, energy, or water. This could have an impact upon the extraction of water for irrigation, industrial, and other consumptive activities.

- Better coordination of the operation of the project with other water uses in the watershed.

- Improvement to technologies that are used to coordinate the interaction of various hydro projects as well as the global operation of complexes involving several watersheds.

- Modification to rules that have an influence upon recreation, irrigation, water supply and industrial water abstraction.

- Improvements to the communication and decision-making process used by various stakeholders.

- Carrying out studies directed at identifying the impacts of climate change upon the various users of water within a watershed.

- Creation of regulatory bodies that are mandated to develop and apply improved operating strategies.

- Promotion of educational efforts that are targeted with informing citizens of the impact of climate change, with the hope of finding adaptive measures that would compensate for the impacts and reduce negative impact on dams and reservoirs.

- Development of improved approaches to assure appropriate cooperation between various users of water within a watershed.

- Modification to legal agreements between various governments, stake holders and other identities that have an impact upon the operation of the watershed.

- Améliorer les modèles mathématiques d'évaluation des impacts des changements climatiques;

- Restreindre l'aménagement des terrains dans les zones sensibles aux inondations;

- Modifier les pratiques de conception technique afin que l'adaptation non structurelle puisse être considérée comme faisant partie intégrante du processus de conception.

9.3.   CAS D'ÉTUDE RÉGIONAUX : EXEMPLES D'ADAPTATION CLIMATIQUE

Pour illustrer la diversité des problèmes liés aux changements climatiques et la résolution actuelle de problèmes, un certain nombre d'études de cas récents a été sélectionné. Celles-ci couvrent différentes situations climatiques à travers le monde, allant des régions arides du sud-est de l'Australie et de l'ouest du Texas aux États-Unis, au climat tempéré du Japon, de la Guyane tropicale et de la région alpine de la France. Dans diverses parties du monde, les impacts du changement climatique sont sensiblement différents et, par conséquent, les problèmes rencontrés sont également différents.

Les mesures d'adaptation à mettre en œuvre reflètent également cette diversité tant en termes de types de projets impactés que de solutions proposées pour atténuer les impacts. En particulier, la combinaison de changements structurels et non structurels est une caractéristique de plusieurs de ces études de cas.

Les détails des études de cas sont inclus à l'annexe A et les sections suivantes en présentent les résumés.

9.3.1.   Cas A : le plan du bassin de Murray Darling (Australie)

Le bassin Murray Darling, situé dans le sud-est de l'Australie, est une vaste zone qui couvre plus d'un million de km². Il intègre un certain nombre de grands projets d'infrastructure conçus pour utiliser et gérer les ressources en eau du bassin. Il s'agit de nombreux barrages, déversoirs et ouvrages de contrôle des rivières qui régulent l'approvisionnement de milliers de kilomètres de canaux d'irrigation, et notamment le projet hydroélectrique des Snowy Mountains. Le bassin comprend plus de 77 000 km de rivières et 25 000 zones humides, y compris des écosystèmes complexes avec plusieurs espèces d'oiseaux et d'animaux menacées.

Les études sur les changements climatiques indiquent que le futur climat du bassin deviendra encore plus variable, ainsi que plus chaud et plus sec, mais avec probablement des crues plus extrêmes. Durant la très sévère sécheresse de 2000 à 2011, les apports dans le bassin étaient inférieurs de 40% aux valeurs moyennes historiques. Cela a eu des impacts paralysants sur l'environnement, la santé des rivières, la disponibilité de l'eau pour la production agricole et sur la communauté dans son ensemble.

Le gouvernement australien a donc entrepris un plan de grande envergure pour comprendre les problèmes potentiels de la pénurie d'eau future et pour les résoudre avec une stratégie à l'échelle du bassin. Les projections du modèle climatique indiquent une réduction de 10% de la disponibilité moyenne en eau de surface d'ici 2030, et une variabilité accrue entre les parties nord et sud du bassin. Le plan comporte de nombreux aspects qui nécessiteront des adaptations structurelles et fonctionnelles, mais le noyau central de la stratégie est une approche intégrée pour des extractions durables de l'eau et la restauration de la santé des rivières.

Un projet de cette envergure comprenait une vaste consultation communautaire pour évaluer les nombreux intérêts concurrents sur le réseau hydrographique complexe et comprendre comment les demandes pourraient être affectées à l'avenir. Le plan qui a été élaboré présente un programme de gestion adaptative qui utilise une combinaison d'améliorations techniques, d'ajustements opérationnels, de réappropriation des droits de propriété sur l'eau et une surveillance continue. Le plan commencé en 2012 et devait être achevé en 2019; le budget alloué à la mise en œuvre était de 12 milliards de dollars.

- Improvement of mathematical models to evaluate the impact of climate changes.

- Restricting the development of land within the zones susceptible to flooding.

- Modification of engineering design practices so that non-structural adaptation can be considered as an integral part of the design process which must be considered in conjunction with proposals for structural change.

9.3. REGIONAL CASE STUDIES OF ADAPTATION TO CLIMATE IMPACT

To illustrate the diversity of climate change issues and to show how the problems are already being addressed, a number of recent and current case studies have been selected. These cover different climatic situations around the world ranging from the arid regions of south-east Australia and west Texas in the USA to the temperate climate of Japan, tropical Guyana and the alpine region of France. In various parts of the world the impacts of climate change are significantly different and as a consequence the problems that are encountered are also different.

The adaptation measures that need to be applied also reflect this diversity both in terms of the types of water projects that are impacted and the solutions that are being proposed in order to mitigate the impacts. In particular the combination of structural and non-structural change is a feature of several of the case studies.

Details of the case studies are included in Appendix A and summarised in the following sections.

9.3.1. Case Study A – Murray Darling Basin Plan (Australia)

The Murray Darling Basin in south-east Australia is a vast area that covers over 1 million km². It incorporates a number of major infrastructure projects that are designed to utilise and manage the water resources of the basin. These include the Snowy Mountains hydropower project and other numerous dams, weirs and river control structures that regulate the supply to thousands of kilometres of irrigation canals. The basin comprises more than 77,000 km of rivers and 25,000 wetland areas including complex ecosystems with several endangered species of birds and animals.

Climate change studies indicate that the future climate across the basin will become even more variable, as well as hotter and drier but with the likelihood of more extreme flood events. There was a very severe drought between 2000 and 2011 where the inflows into the basin were 40% below the long-term average values. This had crippling impacts on the environment, the health of the rivers, the water availability for agricultural production and upon the community at large.

Faced with these problems the Australian Government has embarked upon a far-reaching plan to understand the potential problems of future water scarcity and to tackle these problems with a basin wide strategy. In this context the climate model projections indicate a reduction of 10% in the average surface water availability by 2030, and with increased variability between the northern and southern parts of the basin. There are numerous aspects to the plan that will entail both structural and functional adaptations, but the central core of the strategy is an integrated approach to the restoration of sustainable water extractions and river health.

A project of this scale has incorporated an extensive community consultation to evaluate the many competing interests on the complex river system and to understand how the demands might be impacted in the future. The plan that has been developed presents an adaptive management programme which uses a combination of engineering improvements, operational adjustments, re-acquisition of water property rights and on-going monitoring. The delivery of the plan has commenced in 2012 with completion scheduled for 2019, and the budget allocation for implementation is USD 12 billion.

9.3.2. Cas B : projet d'adaptation des ouvrages de protection des eaux protection d'East Demerara (Guyana)

La zone côtière peuplée du Guyana est située jusqu'à 2 m au-dessous du niveau moyen de la mer. Cela signifie que toute eau qui s'accumule le long de la bande côtière ne peut être évacuée que pendant les petites fenêtres de drainage à marée basse ou par pompage. Du fait des changements climatiques, le taux d'élévation future du niveau de la mer est estimé à environ 1 cm par an. En conséquence, la durée des fenêtres de drainage disponibles diminue.

Les événements de précipitations extrêmes sont également de plus en plus courants. En 2005, un événement pluvieux avec une période de retour d'environ 1 par 5 000 ans a provoqué de graves inondations et laissé toute la côte peuplée inondée. Au cours de cet événement, les digues d'East Demerara Water Conservancy (EDWC), qui contiennent un grand réservoir peu profond à l'intérieur de la bande côtière, ont été dépassées et ont subi des glissements localisés, mais ne se sont pas effondrées. Le gouvernement du Guyana a reconnu que si les digues avaient cédé, les conséquences auraient été catastrophiques pour les zones peuplées en aval. En réponse à cette quasi-catastrophe, un nouveau projet a été lancé pour atténuer les effets des changements climatiques et prévenir le retour des inondations. Le projet est financé par le Fonds Spécial pour les Changements Climatiques de la Banque mondiale.

Une fois de plus, le projet est une combinaison d'adaptations structurelles et non structurelles avec un objectif global de réduction de la vulnérabilité du pays aux inondations catastrophiques. Les principales caractéristiques sont :

- Le renforcement de la compréhension du gouvernement du système EDWC et des régimes de drainage des plaines côtières grâce à une modélisation hydraulique basée sur les informations topographiques recueillies par Lidar et l'installation d'un vaste réseau d'instruments hydrologiques.

- L'augmentation de la capacité de drainage de l'edwc par l'excavation de nouveaux canaux de drainage.

- L'augmentation de la capacité de drainage des systèmes de drainage des plaines côtières par la mise en œuvre d'interventions clés et la recommandation de nouveaux travaux.

- La mise en œuvre de travaux de réhabilitation et renforcement des 60 km de digues de l'edwc et des structures associées.

- Le renforcement de la capacité du gouvernement à identifier les interventions clés et à effectuer une maintenance efficace grâce à un programme de formation pratique et de transfert de technologie.

9.3.3. Cas C : usine hydroélectrique des Bois (France)

Ce projet hydroélectrique dans l'est de la France a été construit dans les années 1970 et utilise de l'eau issue du processus de fonte du glacier « Mer de Glace ». Malheureusement, le recul du front du glacier s'est accéléré au cours de la dernière décennie en raison des changements climatiques. Les prises d'eau seront exposées et deviendront inefficaces au cours des prochaines années. En conséquence, la fonctionnalité de la centrale hydroélectrique serait gravement affectée par une réduction significative de la capacité de production. La fonte du glacier et le processus de retrait ont été modélisés par l'Institut des Géosciences de l'Environnement en utilisant une combinaison de différents scénarios d'émission de gaz à effet de serre pour développer un modèle de réponse des glaciers.

9.3.2. Case Study B – Conservancy Adaptation Project (Guyana)

The populated coastal area of Guyana is situated at up to 2m below the mean sea level. This means that any water which accumulates along the coastal strip can only be discharged during the small drainage windows at low tide, or by pumping. As a result of climate change the rate of future sea level rise is estimated to be around 1cm per year. As a consequence, the durations of the available drainage windows are decreasing.

Extreme rainfall events are also becoming more common. In 2005 a rainfall event with a return period of approximately 1 in 5,000 years caused severe flooding and left the whole populated coastline inundated. During this event, the East Demerara Water Conservancy (EDWC) dam, which retains a large shallow reservoir inland of the coastal strip, was overtopped and suffered localised slip failures, but did not breach. The Government of Guyana recognised that had the dam breached, the results would have been catastrophic for the populated areas downstream. In response to this near disaster a new project was commenced to mitigate the effects of climate change and to prevent a recurrence of flooding. The project is funded by the Special Climate Change Fund of the World Bank.

Once again, the project is a combination of structural and non-structural adaptation with an overall objective of reducing the country's vulnerability to catastrophic flooding. The main features are:

- Strengthening of the Government's understanding of the EDWC system and the coastal plain drainage regimes through hydraulic modelling that is based on topographic information gathered by LiDAR and the installation of an extensive network of hydrologic instrumentation.

- Increasing the drainage relief capacity of the EDWC by the excavation of new drainage channels.

- Increasing the drainage relief capacity of the coastal plain drainage regimes by the implementation of key interventions and recommendation of further works.

- Design and construction of rehabilitation works to strengthen the 60km long EDWC dam and its associated structures.

- Strengthening of the Government's capacity to identify key interventions and to carry out effective maintenance through a hands-on training and technology transfer programme.

9.3.3. Case Study C – Les Bois Hydropower Project (France)

This hydropower project in eastern France was constructed in the 1970s and uses water that comes from the 'Mer de Glace' glacier melt process. Unfortunately, the glacier front retreat has accelerated in the last decade due to climate change and the intake structure will be exposed and become ineffective in the next few years. As a result, the functionality of the hydropower plant would be severely impacted with a significant reduction in generation capability. The melting of the glacier and the retreat process has been modelled by the French glaciology research laboratory using a combination of different greenhouse gas emission scenarios to develop a glacier response model.

Le modèle a ensuite été utilisé pour évaluer un certain nombre d'options de modification visant à assurer le fonctionnement sécuritaire efficace et durable de la centrale dans le futur. Pour assurer la robustesse de la réfection, les options étaient basées sur les prévisions de retrait des glaciers les plus pessimistes.

Trois options, basées principalement sur une intervention structurelle, ont été examinées. Elles impliquaient la construction et le renforcement des ouvrages de protection de la prise d'eau existante, le déplacement de la structure vers l'aval (ce qui aurait entraîné une perte de production d'énergie), ou le déplacement de la prise d'eau vers l'amont. Cette dernière solution était la plus coûteuse mais offrait la plus grande sécurité des opérations futures; elle a été finalement été sélectionnée. La construction des nouveaux ouvrages a commencé en 2007 et le projet s'est achevé en 2011 pour un coût global d'environ 21 millions USD.

9.3.4. Cas D : projet de la rivière Kumano (Japon)

Il s'agit d'un exemple d'adaptation opérationnelle d'un projet existant n'impliquant pas de changement structurel. Au Japon, les propriétaires de réservoirs de stockage pour l'hydroélectricité ou l'approvisionnement en eau ne sont pas légalement tenus de contribuer à la lutte contre les inondations. À cet égard, l'exigence normale est très limitée et n'implique que la fourniture d'une capacité de stockage vacante pour compenser les effets de la réduction du stockage du canal fluvial et de toute augmentation de la vitesse de propagation des crues. Ces exigences s'appliquent uniquement lorsque l'inondation se produit et que le niveau d'eau cible du réservoir pour cette opération est appelé « niveau de préparation à l'évacuation ».

Le bassin du fleuve Kumano, dans l'ouest du Japon, est régulièrement soumis à de violents typhons et a longtemps souffert des inondations. Cependant, il n'y a pas de barrage sur la rivière spécialement conçu pour lutter contre les inondations. La modélisation des changements climatiques indique l'occurrence probable de typhons plus fréquents et plus graves. En 2011, le typhon Talas a frappé une vaste zone de l'ouest du Japon, ce qui a provoqué des précipitations et des inondations record dans le bassin du fleuve Kumano. Les dommages causés par les inondations étaient si graves que la compagnie Electric Power Development Co. Ltd. (J-Power), en tant que propriétaire de deux grands réservoirs de stockage sur la rivière (barrage d'Ikehara et barrage de Kazeya), a décidé de promouvoir la participation volontaire et la coopération dans la lutte contre les inondations. De plus, il a été établi que cela pourrait être réalisé uniquement par des changements opérationnels et que des travaux d'assainissement ou des modifications physiques des barrages et des réservoirs ne seraient pas nécessaires.

Le projet d'adaptation qui a été mis en œuvre a impliqué un régime d'exploitation modifié selon lequel un « niveau cible transitoire », inférieur au « niveau de préparation à l'évacuation » spécifié, a été défini afin d'augmenter le volume de stockage disponible pour les inondations. La baisse du niveau d'eau pour atteindre le « niveau cible transitoire » est effectué uniquement par rejet des eaux turbinées. Afin de déterminer les critères de baisse de niveau d'eau, il est nécessaire de prévoir avec précision les précipitations moyennes totales dans le bassin versant qui se produiraient sur un horizon de 2 à 3 jours

En combinant les prévisions météorologiques numériques de l'Agence météorologique japonaise avec la trajectoire des typhons, la pluviométrie moyenne totale dans le bassin versant et l'ampleur des débits d'inondation, il a été possible de déterminer les critères utilisés dans l'application des nouveaux régimes d'exploitation pour les deux réservoirs. Ceux-ci ont été mis en œuvre depuis 2012 et le résultat obtenu est une résilience accrue contre les inondations extrêmes, sans perte significative de production d'électricité.

9.3.5. Cas E : district municipal de gestion de l'eau de Colorado river (USA)

Le Colorado River Municipal Water District fournit de l'eau à environ 400 000 personnes dans l'ouest du Texas, aux États-Unis. Il dépend de trois réservoirs de surface construits entre 1952 et 1990. En raison d'une augmentation de la demande et d'une diminution des approvisionnements en raison de la sécheresse continue, l'approvisionnement de surface a été complété par l'installation de 21 nouveaux puits d'eau souterraine et d'infrastructures associées.

The model was then used to evaluate a number of modification options which were aimed at ensuring the future operation of the plant in a secure, effective and durable manner. To provide future robustness to the remedial works the options were based upon the most pessimistic glacier retreat predictions.

Three options were examined and in this case study all three of the options were based primarily on structural intervention. The three alternatives involved the construction and reinforcement of protection works to the existing intake structure, the displacement of the structure in a downstream direction which would have involved a loss of energy production, or the re-location of the intake in the upstream direction. The latter was the most costly solution but it offered the greatest security of future operations and was selected as the preferred option. The construction of these new works began in 2007 and the project was completed in 2011 at an overall cost of approximately USD 21 million.

9.3.4. Case Study D – Kumano River Project (Japan)

This is an example of operational adaptation of an existing project and does not involve structural change. In Japan the owners of utility storage reservoirs for hydropower or water supply purposes are not legally obliged to contribute to flood control. In this respect the normal requirement is very limited and involves only the provision of vacant storage capacity to compensate for the effects of reduction of river channel storage and any increase in flood propagation velocity. These requirements apply solely when the flood is occurring and the target reservoir water level for this operation is referred to as the "discharge preparation water level".

The Kumano River basin in western Japan is regularly subjected to severe typhoons and has a long history of suffering flood damage. However, there is no dam on the river that is specifically designed for flood control. Climate change modelling indicates the likely occurrence of more frequent and more severe typhoons. In 2011 Typhoon Talas struck a wide area of western Japan which brought record-breaking rainfall and flooding to the Kumano River basin. The flood damage was so serious that the Electric Power Development Co. Ltd. (J-Power), as the owner of two large storage reservoirs on the river (Ikehara dam and Kazeya dam), decided to voluntarily promote participation and cooperation in flood control. Moreover, it was established that this could be achieved through operational changes alone, and that remedial works or physical modifications to the dams and reservoirs would not be needed.

The adaptation project that was implemented has involved a modified operating regime whereby an "interim target water level" that is lower than the specified 'discharge preparation water level' has been introduced in order to increase the flood storage volume that is available. Drawdown to achieve the interim target water level is performed by generation discharge only. In order to determine the criteria to begin the drawdown, it is necessary to accurately predict the total average rainfall in the catchment that will occur over the next 2-to-3-day period.

By combining the numerical meteorological predictions of the Japan Meteorological Agency with the statistical relationship between the observed typhoon courses, the total average rainfall in the catchment and the magnitude of flood discharges, it has been possible to determine updated criteria that are used in the application of new operating regimes for both reservoirs. These have been implemented since the middle of 2012 and the net result that has been achieved is an increased resilience against extreme floods, with no significant loss of power generation.

9.3.5. Case Study E – Colorado River Municipal Water District (USA)

The Colorado River Municipal Water District supplies water to about 400,000 people in west Texas, USA and relies on three surface reservoirs which were constructed between 1952 and 1990. Driven by an increase in demand and diminishing supplies due to ongoing drought conditions, the surface water supplies have been augmented by the installation of 21 new groundwater wells and associated infrastructure.

9.3.6. Cas F : projet de renforcement hydrologique des barrages existants (Corée)

La République de Corée a été considérablement touchée par les effets des changements climatiques au cours des cent dernières années, avec notamment une élévation moyenne estimée de la température de 1,7° C, soit 2,3 fois plus élevée que la moyenne mondiale. La modélisation du climat indique que la Corée connaîtra de grandes fluctuations dans la disponibilité des ressources en eau. Dans ce pays où environ les deux tiers des précipitations annuelles se produisent sur une période de trois mois, l'intensité des précipitations devrait également augmenter.

Des études récentes ont montré que les estimations des PMP ont augmenté jusqu'à 300% dans certains bassins versants et, par conséquent, 23 des 27 études de projet pour des grands barrages doivent être corrigées pour assurer la sécurité contre les inondations extrêmes. Le programme de remédiation, doté d'un budget de 2,2 milliards de dollars, a débuté en 2003.

En plus de la capacité d'inondation, la modification des régimes pluviométriques et des intensités des tempêtes est également susceptible d'avoir un effet néfaste sur la qualité de l'eau en raison des charges élevées de sédiments dans le ruissellement dans les réservoirs. Cela peut à son tour avoir un impact sur les installations hydroélectriques, la pêche, la qualité de l'eau potable et le tourisme. Un certain nombre de mesures d'atténuation sont prises à la fois dans les bassins versants et dans les réservoirs de cinq barrages afin de minimiser les effets potentiels d'une turbidité accrue, pour un coût estimé à 1 milliard USD supplémentaire.

9.3.6. Case Study F – Hydrological Stability Enhancement Project of Existing Dams (Korea)

The Republic of Korea has been affected by the impacts of climate change significantly over the past one hundred years, including an estimated average temperature rise of 1.7° C which is 2.3 times higher than the global average. Climate modelling indicates that Korea will experience great fluctuations in water resource availability and rainfall intensity in the future, and in a country where approximately two thirds of annual rainfall occurs over three month period the intensity of rainfall events is also predicted to increase.

Recent studies have shown that estimates of PMPs have increased by as much as 300% in some catchments and as a result 23 out of 27 major dams' studies are to be remediated to provide security against extreme flood events. The remedial works program has a budget of USD 2.2 billion and commenced in 2003.

In addition to flood capacity, the changed rainfall patterns and storm intensities are also likely to have a detrimental effect on water quality due to high sediment loads in runoff into reservoirs. This in turn has the potential to impact on hydropower facilities, fisheries, drinking water quality and tourism. A number of mitigation measures are being undertaken both in the catchments and in the reservoirs of five dams to minimise the potential impacts of increased inflow turbidity, at an estimated cost of an additional USD 1 billion.

10. RECOMMANDATIONS DE LA CIGB

Les précédents chapitres de ce bulletin ont examiné l'état actuel des connaissances, des faits et des incertitudes entourant les changements climatiques, et leurs répercussions sur nos systèmes de ressources en eau et sur les barrages et les réservoirs.

Il ne fait aucun doute que les changements climatiques entraîneront des répercussions profondes sur la distribution et la disponibilité des ressources en eau, tant en ce qui concerne les conditions moyennes que leur variabilité. Par conséquent, la perspective des changements est devenue un enjeu clé pour le fonctionnement, la gestion et la planification des barrages et des réservoirs.

Les propriétaires de barrages et de réservoirs disposent de plusieurs méthodes et approches différentes pour analyser les impacts potentiels des changements climatiques sur leurs systèmes de ressources en eau. Il est important de simuler un éventail large et crédible de scénarios pour faciliter la planification et la gestion futures des barrages, et mieux prédire la disponibilité et la variabilité des ressources en eau.

La meilleure façon de faire face à ces incertitudes est de planifier, de concevoir et de construire des infrastructures robustes, qui sont caractérisées comme étant les moins sensibles aux effets des changements climatiques. Un certain nombre d'exemples ont été présentés montrant des approches qui ont été utilisées pour faire face aux incertitudes et aux impacts des changements climatiques sur les barrages et les réservoirs. Une approche adaptative « sans regrets » est recommandée pour faire face à la perspective et aux effets des changements climatiques sur la disponibilité et la variabilité des ressources en eau et, par conséquent, sur la gestion des barrages et des réservoirs.

La CIGB résume ci-après une liste de recommandations générales qui peuvent être traduites en termes d'actions pratiques pour les professionnels et développeurs de barrages décrits comme celles dans les chapitres « techniques » présentés dans le présent bulletin (chapitres 3 à 9), certaines actions devant être définies, précisées et adaptées au cas par cas.

Recommandations

Les recommandations générales portent sur trois grands thèmes : une approche globale, une gestion adaptative et la collaboration.

Recommandation 1 : Adopter une approche globale

Action possibles pour :

    a. Tenir compte des multiples besoins et objectifs appropriés à l'échelle du bassin hydrographique.

- Définir les enjeux critiques à l'échelle du réseau ou du bassin hydrographique

- Établir des priorités et des critères à l'échelle du réseau ou du bassin hydrographique

- Cerner les enjeux qui touchent les sphères de la politique de l'eau, de la gouvernance et de la gestion des bassins hydrographiques

- Déterminer les besoins en matière de renforcement des capacités techniques et/ou institutionnelles

- Reconnaître que, pour que les gestionnaires des rivières puissent relever les nouveaux défis posés par le changement climatique à l'échelle du système/ bassin hydrographique, les rôles et les responsabilités de l'ingénieur développeur devront également s'adapter

10. ICOLD RECOMMENDATIONS

Previous chapters of this bulletin have considered the current state of knowledge, facts and uncertainties around climate change, its impacts on our water resource systems and on dams and reservoirs.

There is little doubt that a changing climate will have profound impact on the distribution and availability of water resources both as concerns average conditions and its variability. Therefore, the prospect of climate change has become a key issue for the operation, management and planning dams and reservoirs.

There are several different methods and approaches available to dam and reservoir owners to analyse potential impacts of climate change on their water resources systems, and it is important that a range of climate change scenarios are modelled to assist in future planning and management of dams including temperature, precipitation and water resource availability and variability.

The best way to deal with these uncertainties is to plan, design and construct robust infrastructure, which is characterized as having the least sensitivity to climate change effects. A number of examples have been presented which show approaches which have been used to deal with the uncertainties and impacts of climate change on dams and reservoirs. An adaptive "no regrets" approach is recommended for dealing with the prospect and impacts of climate change on water resource availability and variability and consequently on the management of dams and reservoirs.

ICOLD summarizes hereafter a list of general recommendations, which can have their translation in terms of practical action for dam developers described in the "technical" chapters presented earlier in this bulletin (chapters 3 to 9), some having to be defined and precised on a case-by-case basis.

Recommendations

The recommendations address three broad themes: a systems approach, adaptive management and collaboration.

Recommendation 1: Adopt a whole-of-system approach

Possible actions to:

a. Take into account the appropriate multiple needs / objectives at the river basin scale

- Define the critical challenges and characteristic of working at the scale of the river system/ basin.

- Develop priorities and criteria at the river system/ basin-scale.

- Identify issues that cross the water policy, governance and river basin management spheres.

- Identify requirements for technical and/ or institutional capacity building.

- Recognize that in order for river managers to address the new challenges presented by climate change at the scale of the river system/ basin, roles and responsibilities of the civil engineer will also need to adapt.

Commentaires

- Les besoins/objectifs multiples à l'échelle du bassin hydrographique vont concerner :

  - L'atténuation des risques (pour la santé humaine et environnementale)

  - Les usages humains, comprenant l'eau pour les individus ainsi que pour les communautés

  - Le développement économique (pour les aspects humains et environnementaux), comprenant l'eau pour l'agriculture, le tourisme et les loisirs, et la navigation

  - La protection de la qualité de l'eau

  - La protection et mise en valeur écologiques

  - La production d'énergie hydroélectrique

  - Autres (dans certains pays, l'eau est nécessaire pour refroidir les centrales nucléaires)

- La façon dont nous regardons les choses influence notre façon de gérer et ce que nous gérons – Il s'agit d'être ouvert à la remise en question :

  - Plutôt que de se concentrer sur des solutions pour des infrastructures individuelles à des endroits spécifiques, la portée du défi s'est étendue à l'échelle des grands bassins hydrographiques dotés de systèmes complexes de gestion des cours d'eau qui servent de multiples fins ou objectifs ou regroupements de petits bassins

  - Dans des circonstances de rareté de l'eau, on s'attend à ce que l'accent soit mis de plus en plus sur la résolution de problèmes complexes à l'échelle du bassin, pour lesquels une combinaison de compétences techniques et institutionnelles est nécessaire

  - L'adaptation et l'expertise en matière de gestion de l'eau et du bassin hydrographique seront importantes pour l'établissement de la coopération internationale et des relations à l'étranger comme base de travail diplomatique, d'aide étrangère et de développement

  - L'adaptation deviendra également importante pour le développement des entreprises et le renforcement des liens économiques entre les pays

b. Identifier ce qui est réellement à risque dans votre système de ressources en eau, en utilisant des approches fondées sur l'évaluation du risque (voir le chapitre 3).

c. Établir les priorités en matière d'utilisation et de besoins de l'eau, et veiller à ce qu'une quantité suffisante d'eau pour l'environnement soit préservée afin de maintenir des milieux naturels et des réseaux hydrographiques sains pendant des périodes extrêmement sèches.

  - Établir des priorités, des indicateurs, des régimes de suivi et d'évaluation

  - Travaux et mesures en matière d'environnement

  - Niveaux d'eau durables prélevés à des fins humaines

d. Garantir un volume d'eau de qualité suffisante pour répondre aux besoins humains critiques des collectivités afin de leur permettre de traverser des périodes extrêmement sèches.

  - Politiques sur le partage de l'eau et les réserves

  - Normes de qualité de l'eau

  - Plan d'action en cas de catastrophe

Comments:

- Multiple needs / objectives at the river basin scale with regard to:

    - risk mitigation (to human and environmental health).

    - human use, includes water for individuals as well as communities/ cultural heritage.

    - human economic development (for both human and environmental aspects), includes water for agriculture, tourism & recreation, and navigation.

    - water quality protection.

    - ecological protection and enhancement.

    - hydro-electric energy production/

    - other (in some countries water is needed to cool nuclear power stations).

- How we look at things influences how we manage/ what we manage for - be open to re-think things

    - Rather than focus on solutions for individual infrastructure at specific locations, the scope of the challenge has expanded to the scale of large river basins with complex river management systems serving multiple purposes or objectives or groupings of smaller basins.

    - under circumstances of water scarcity, it is expected that there will be an increasing focus on resolving complex basin-scale issues, for which a combination of technical and institutional skills are required.

    - adaptation and expertise in water delivery and river basin management will be important for building international cooperation and overseas relationships as a basis for diplomatic, foreign aid and development work.

    - adaptation will also become important for business development and strengthening economic ties between countries.

b. Establish what is really at risk in your water resources system, using risk-based approaches (see chapter 3).

c. establish priorities in water usages and needs and ensure that sufficient water for the environment is secured to sustain natural environments and healthy river systems through extremely dry periods.

    - Establish priorities, indicators, monitoring and evaluation regimes.

    - Environmental works and measures.

    - Sustainable levels of water taken for human purposes.

d. Ensure that sufficient water of adequate quality is secured for critical human needs for dependent communities to get them through extremely dry periods.

    - Water sharing and reserve policies.

    - Water quality standards.

    - Disaster action plan.

Recommandation 2 : Appliquer un processus de gestion adaptative

    a. Cerner les lacunes en matière d'expertise et d'information dans la compréhension des enjeux

        • Organiser la coordination avec d'autres organismes pertinents afin de déterminer les forces (et les faiblesses) en matière de connaissances et de compréhension des phénomènes et des enjeux;

        • Identifier les zones/groupes de personnes dont on peut renforcer les capacités, par exemple, les secteurs de la politique de l'eau, de la gouvernance et de la gestion des bassins hydrographiques;

        • Partager l'expertise à l'échelle internationale, y compris les partenariats ciblés, l'aide et les efforts de développement.

Commentaires

        • Planifier de façon proactive les progrès des connaissances, plutôt que d'adopter une approche « attendre pour voir »

        • Évaluer continuellement les hypothèses et leur pertinence

    b. Partager les méthodes et les approches adoptées pour s'adapter aux changements climatiques dans les secteurs de l'eau

        • Envisager de multiples scénarios probables de changement climatique qui couvrent toute la gamme des évolutions potentielles; ne pas se fier uniquement à un seul scénario de changement climatique pour éviter des conclusions trompeuses (trop pessimistes ou trop optimistes)

        • Envisager d'établir un programme de détachement, d'échange ou de jumelage avec d'autres organismes du bassin et des institutions connexes

        • Participer activement aux comparaisons (internationales) et aux évaluations coopératives

Commentaires

        • Élaborer et partager des méthodes et des approches appropriées (déterministes, probabilistes) pour :

            • (i) évaluer les risques climatiques sur votre réseau de ressources en eau,

            • (ii) s'adapter au changement climatique dans les secteurs de l'eau (voir chapitre 5)

        • Partager/évaluer les méthodes et approches adoptées pour s'adapter au changement climatique dans les secteurs de l'eau, en particulier autour de l'évaluation complète des impacts potentiels, des risques et des options d'adaptation

        • Explorer les possibilités de collaboration internationale sur la façon dont les commissions fluviales pourraient travailler ensemble à l'élaboration d'approches plus systématiques et structurées pour « comparer les notes » et le transfert des leçons apprises et des modèles de pratiques exemplaires fondés sur l'adoption d'un programme coopératif d'évaluation rigoureuse du rendement

    c. Établir un organisme de gestion intégrée du bassin dans le but d'élaborer ou de transférer des pratiques exemplaires en matière de gestion du bassin hydrographique

Recommendation 2: Apply an adaptive management process

Possible actions to:

    a. Identify expertise / information gaps in understanding.

- Initiate a workshop together with other relevant agencies to identify comparative strengths (and weaknesses) in knowledge and understanding.

- Identify areas/ groups of people where capacity in this can be built (upon) in, for example, the water policy, governance, and river basin management sectors.

- Share expertise internationally, including targeted partnership, aid and development efforts.

Comments:

- Plan proactively for advances in knowledge, rather than taking a "wait and see" approach.

- Continually assess assumptions and their relevance

    b. Share methods and approaches that are being adopted to adapt to climate change in the water sectors.

- Consider multiple likely climate change scenarios that cover the range of potential evolution; do not only rely on one single climate change scenario to avoid misleading conclusions (too pessimistic or too optimistic).

- Consider establishing a secondment/exchange / twinning program with other basin organizations and related institutions.

- Actively participate in (international) comparisons and cooperative evaluations.

Comments

- Develop and share appropriate methods and approaches (deterministic, probabilistic) to:

  - (i) assess climate risk on your water resources system, and

  - (ii) adapt to climate change in the water sectors (see chapter 5)

- Share/ assess the methods and approaches being adopted to adapt to climate change in the water sectors, particularly around the comprehensive assessment of potential impacts, risks and adaptation options.

- Explore possibilities for international collaboration around how river commissions might work together on developing more systematic and structured approaches to "comparing notes" and transferring lessons learnt and best practice models based on adopting a cooperative program of rigorous performance evaluation.

    c. Establish an integrated basin management organization with an aim to develop/ transfer best practices in river basin management.

- Établir un groupe de coordination interinstitutionnel chargé de superviser les experts invités et les « renseignements » sur la gestion de l'eau et du bassin hydrographique

- S'engager activement dans la recherche multidisciplinaire sur l'eau et promouvoir les échanges (internationaux) dans l'enseignement supérieur et d'autres initiatives de recherche

- Se tenir au courant des progrès réalisés dans le cadre d'initiatives menées dans le monde entier dans la mise en œuvre de la planification et de la mise en œuvre de la MDBA, de la directive-cadre sur l'eau et des expériences de l'UE en matière de planification et de mise en œuvre à l'échelle du bassin.

- Conserver une allocation annuelle suffisante pour les ressources naturelles (lacs, étangs, rivières) grâce à une gestion appropriée

Commentaires

- Rester ouvert à tous ceux qui ont intérêt à transférer les meilleures pratiques en matière de gestion des bassins fluviaux

- Fournir du soutien à une partie indépendante - par exemple une université – pour qu'elle organise un atelier entre des organismes appropriés afin d'explorer l'intérêt potentiel pour la création d'un RIOB (ou l'équivalent)

- Être ouvert à tous les autres organismes d'État, fédéraux ou locaux et autres qui ont un intérêt à transférer les meilleures pratiques en matière de GAR

- Inviter les organismes à mettre sur pied un groupe de coordination inter-institutions ayant pour but défini de veiller à ce que les organismes fédéraux soient suffisamment coordonnés et en mesure de le faire lorsqu'ils visitent des experts et des délégations internationales; le partage de l'exposition à des experts invités et « renseignement » sur la gestion de l'eau et du bassin hydrographique

- Explorer la possibilité de travailler plus étroitement et/ou formaliser une relation de travail plus étroite avec un certain nombre de centres universitaires de l'eau qui encouragent activement les échanges internationaux et le renforcement des capacités dans le domaine de la recherché en lien avec l'eau

- Offrir un petit service de retenue à l'un de ces centres de l'eau afin de fournir à XXX des mises à jour semestrielles régulières sur les initiatives internationales en matière d'eau et de bassin

- Rester largement au fait des progrès réalisés dans la mise en œuvre de X, Y, Z et examiner comment il peut profiter de ces expériences de planification et de mise en œuvre à l'échelle du bassin, en accordant une attention particulière à l'intégration des politiques et à la consultation inter-organismes et communautaires

- Establish an interagency coordinating group to oversee visiting experts and "intelligence" on water and river basin management.

- Engage actively with multidisciplinary water research and promote (international) exchanges in higher education and other research initiatives.

- Keep aware of progress in initiatives around the world in delivering, such as MDBA Basin Plan, the Water Framework Directive and the EU experiences of basin scale planning and implementation.

- Preserve sufficient annual allocation for natural resources (lakes, ponds, rivers), through appropriate management.

Comments

- Open to all with an interest in transferring best practice in river basin management.

- Provide support for an independent party - eg a university – to host a workshop amongst suitable agencies to explore the potential interest in establishing an inbo (or equivalent).

- Might be open to all other state, federal or local agencies and others with an interest in transferring best practice in rbm.

- Invite agencies to establish an interagency coordinating group with the defined purpose of ensuring that when there visiting experts and international delegations that the federal agencies are sufficiently coordinated and are capable of appropriately sharing in exposure to visiting experts and "intelligence" on water and river basin management.

- Explore the potential of working more closely and/or formalise a closer working relationship with a number of the university water centres that actively promoting international exchanges and promoting capacity building in multidisciplinary water research.

- Offer a small retainer to one of these water centres to provide to xxx regular half yearly updates on international water and basin initiatives.

- Stay broadly across progress in delivering x, y, z and consider how it can benefit these experiences of basin scale planning and implementation, giving particular attention to policy integration and interagency and community consultation.

Recommandation 3 : Collaborer avec un large éventail de disciplines, d'intérêts et de parties prenantes (y compris des ingénieurs aux côtés de décideurs, de politiciens, de scientifiques des ressources naturelles, de spécialistes des sciences sociales, d'économistes et de la collectivité en général) dans l'évaluation des options d'adaptation durables et efficaces

L'expérience pratique des ingénieurs, ainsi que la recherche scientifique sur les impacts du changement climatique sur les rivières et les écosystèmes et leur vulnérabilité, est essentielle pour effectuer des adaptations appropriées à l'échelle du bassin ou des réseaux hydrographiques.

Actions possibles pour :

a. Déterminer et expliquer comment les barrages et les réservoirs peuvent atténuer l'impact des changements climatiques dans un bassin versant (voir les Chapitres 5 et 7)

b. Expliquer comment et dans quelle mesure les émissions de GES sont liées aux barrages et aux réservoirs

(Voir le Chapitre 8)

c. Mobiliser le public et les intervenants de façon active et précoce

- Développer le leadership et l'engagement à l'égard de l'appui du public dès le début

d. Communiquer de façon claire, concise et simple

- S'engager à communiquer et à éduquer de façon claire, concise et simple au sujet de la science et de la technologie, particulièrement en ce qui concerne les hypothèses et le rôle des barrages et des réservoirs dans la gestion des risques et des possibilités liés au changement climatique.

En ce qui concerne l'engagement des parties prenantes, les gouvernements, les autorités et les professionnels et développeurs de projets ont un rôle de premier plan pour veiller à ce que les besoins et les attentes soient pris en compte à chaque phase de développement, et intégrés au plus tôt dans les fonctions de base attendues du projet de barrage/réservoir. Ces besoins peuvent également inclure des mesures compensatoires des impacts.

Recommendation 3: Collaborate with a wide range of disciplines, interest and stakeholders (including engineers alongside decision makers, politicians, natural resource scientists, social scientists, economists and the greater community) in the assessment of enduring and effective adaptation options.

The practical experience of engineers together with scientific research on climate change impacts to and vulnerability of rivers and ecosystems is critical in making appropriate adaptations at the scale of the river basin/ river systems.

Possible actions to:

a. Identify and explain how dams and reservoirs can mitigate climate change impact in your watershed (see Chapters 5 and 7)

b. Explain how – and how much - GHG emissions are linked to dams and reservoirs.

    (see Chapter 8)

c. Engage, involve the public and stakeholders actively and early on and ongoingly.

    •   Develop leadership and a commitment to public support early on

d. Communicate clearly, concisely, and simply.

    •   Commit to clear, concise, and simple communication and education around science and technology, particularly, around assumptions and the role of dams and reservoirs in climate change risks and opportunities management.

As regard to stakeholders' engagement, Governments, Authorities, and Project developers would have a leading role in making sure that needs and expectations are considered at each development phase, and possibly early integrated in the basic functions of the dam/reservoir project. This would also comprise compensatory measures.

11. RÉFÉRENCES

Références du Chapitre 3

[3.1]   PIANC (AIPCN) – ENVICOM - TOR – Task Group 3 – "Climate Change and Navigation" (March 2007), http://www.pianc-aipcn.be/figuren/termsofreferences/TOR/tors-envicomexp03.doc

Références du Chapitre 4

[4.1]   Barnett, T.P., J. C. Adam, and D. P. Lettenmaier, 2005, Potential impacts of a warming climate on water availability in snow-dominated regions, *Nature*, 438, 303-309, doi:10.1038/nature04141

[4.2]   Dai, A., T. Qian, K.E. Trenberth, and J.D. Milliman, 2009, Changes in Continental Freshwater Discharge from 1948 to 2004, *J. Clim.*, 22, 2773-2792, doi: 10.1175/2008JCLI2592.1

[4.3]   Hagemann, S., C. Chen, D.B. Clark, S. Folwell, S.N. Gosling, I. Haddeland, N. Hanasaki, J. Heinke, F. Ludwig, F. Voss, and A.J. Wiltshire, 2013, Climate change impact on available water resources obtained using multiple global climate and hydrology models, *Earth Syst. Dynam.*, 4, 129-144, doi:10.5194/esd-4-129-2013.

[4.4]   Hamlet, A.F., P.W. Mote, M.P. Clark, and D.P. Lettenmaier, 2007, Twentieth-century trends in runoff, evapotranspiration, and soil moisture in the western United States, J. Clim., 20, 1468-1486, doi:10.1175/JCLI4051.1

[4.5]   Harding R., Warnaars T., Weedon G., Wiberg D., Hagemann S., Tallaksen L., van Lanen H., Blyth E., Ludwig F., Kabat P. (2011). *Executive summary of the completed WATCH Project. WATCH - European Commission.* (WATCH Technical Report No.56). See WATCH project website: http://www.eu-watch.org/publications/technical-reports

[4.6]   IPCC (2007) Climate Change 2007: The Physical Science Basis. Contribution of Working Group I to the Fourth Assessment Report of the Intergovernmental Panel on Climate Change, 2007. Solomon, S., D. Qin, M. Manning, Z. Chen, M. Marquis, K.B. Averyt, M. Tignor and H.L. Miller (eds.) Cambridge University Press, Cambridge, United Kingdom and New York, NY, USA.

[4.7]   IPCC (2008) Climate Change and Water IPCC Technical Paper VI - June 2008 Bates, B.C., Z.W. Kundzewicz, S. Wu and J.P. Palutikof, Eds. IPCC Secretariat, Geneva, 210 pp.

[4.8]   IPCC (2011) IPCC Special Report on Renewable Energy Sources and Climate Change Mitigation. Prepared by Working Group III of the Intergovernmental Panel on Climate Change [O. Edenhofer, R. Pichs-Madruga, Y. Sokona, K. Seyboth, P. Matschoss, S. Kadner, T. Zwickel, P. Eickemeier, G. Hansen, S. Schlömer, C. von Stechow (eds)]. Cambridge University Press, Cambridge, United Kingdom and New York, NY, USA, 1075 pp.

[4.9]   IPCC (2012) Managing the Risks of Extreme Events and Disasters to Advance Climate Change Adaptation. A Special Report of Working Groups I and II of the Intergovernmental Panel on Climate Change [Field, C.B., V. Barros, T.F. Stocker, D. Qin, D.J. Dokken, K.L. Ebi, M.D. Mastrandrea, K.J. Mach, G.-K. Plattner, S.K. Allen, M. Tignor, and P.M. Midgley (eds.)]. Cambridge University Press, Cambridge, UK, and New York, NY, USA, 582 pp.

[4.10] IPCC (2013) Working Group I Contribution to the IPCC Fifth Assessment Report, Climate Change 2013: The Physical Science Basis, Summary for Policymakers

[4.11] Jacob, D. et al. (2013). EURO-CORDEX: new high-resolution climate change projections for European impact research, Reg Environ Change, doi:10.1007/s10113-013-0499-2 (in press; available online).

[4.12] Kunkel, K. E., T. R. Karl, H. Brooks, J. Kossin, J. H. Lawrimore, D. Arndt, L. Bosart, D. Changnon, S. L. Cutter, N. Doesken, K. Emanuel, P. Y. Groisman, R. W. Katz, T. Knutson, J. O'Brien, C. J. Paciorek, T. C. Peterson, K. Redmond, D. Robinson, J. Trapp, R. Vose, S. Weaver, M. Wehner, K. Wolter, and D. Wuebbles, 2013, Monitoring and understanding trends in extreme Storms. State of Knowledge. Bull. Amer. Meteor. Soc., 94, 499-514.

11.   REFERENCES

References of Chapter 3

[3.1]   PIANC (AIPCN) – ENVICOM - TOR – Task Group 3 – "Climate Change and Navigation" (March 2007), http://www.pianc-aipcn.be/figuren/termsofreferences/TOR/tors-envicomexp03.doc

References of Chapter 4

[4.1]   Barnett, T.P., J. C. Adam, and D. P. Lettenmaier, 2005, Potential impacts of a warming climate on water availability in snow-dominated regions, *Nature*, 438, 303-309, doi:10.1038/nature04141

[4.2]   Dai, A., T. Qian, K.E. Trenberth, and J.D. Milliman, 2009, Changes in Continental Freshwater Discharge from 1948 to 2004, *J. Clim.*, 22, 2773-2792, doi: 10.1175/2008JCLI2592.1

[4.3]   Hagemann, S., C. Chen, D.B. Clark, S. Folwell, S.N. Gosling, I. Haddeland, N. Hanasaki, J. Heinke, F. Ludwig, F. Voss, and A.J. Wiltshire, 2013, Climate change impact on available water resources obtained using multiple global climate and hydrology models, *Earth Syst. Dynam.*, 4, 129-144, doi:10.5194/esd-4-129-2013

[4.4]   Hamlet, A.F., P.W. Mote, M.P. Clark, and D.P. Lettenmaier, 2007, Twentieth-century trends in runoff, evapotranspiration, and soil moisture in the western United States, J. Clim., 20, 1468-1486, doi:10.1175/JCLI4051.1

[4.5]   Harding R., Warnaars T., Weedon G., Wiberg D., Hagemann S., Tallaksen L., van Lanen H., Blyth E., Ludwig F., Kabat P. (2011). *Executive summary of the completed WATCH Project. WATCH - European Commission.* (WATCH Technical Report No.56). See WATCH project website : http://www.eu-watch.org/publications/technical-reports

[4.6]   IPCC (2007) Climate Change 2007: The Physical Science Basis. Contribution of Working Group I to the Fourth Assessment Report of the Intergovernmental Panel on Climate Change, 2007. Solomon, S., D. Qin, M. Manning, Z. Chen, M. Marquis, K.B. Averyt, M. Tignor and H.L. Miller (eds.) Cambridge University Press, Cambridge, United Kingdom and New York, NY, USA.

[4.7]   IPCC (2008) Climate Change and Water IPCC Technical Paper VI - June 2008 Bates, B.C., Z.W. Kundzewicz, S. Wu and J.P. Palutikof, Eds. IPCC Secretariat, Geneva, 210 pp.

[4.8]   IPCC (2011) IPCC Special Report on Renewable Energy Sources and Climate Change Mitigation. Prepared by Working Group III of the Intergovernmental Panel on Climate Change [O. Edenhofer, R. Pichs-Madruga, Y. Sokona, K. Seyboth, P. Matschoss, S. Kadner, T. Zwickel, P. Eickemeier, G. Hansen, S. Schlömer, C. von Stechow (eds)]. Cambridge University Press, Cambridge, United Kingdom and New York, NY, USA, 1075 pp.

[4.9]   IPCC (2012) Managing the Risks of Extreme Events and Disasters to Advance Climate Change Adaptation. A Special Report of Working Groups I and II of the Intergovernmental Panel on Climate Change [Field, C.B., V. Barros, T.F. Stocker, D. Qin, D.J. Dokken, K.L. Ebi, M.D. Mastrandrea, K.J. Mach, G.-K. Plattner, S.K. Allen, M. Tignor, and P.M. Midgley (eds.)]. Cambridge University Press, Cambridge, UK, and New York, NY, USA, 582 pp.

[4.10]   IPCC (2013) Working Group I Contribution to the IPCC Fifth Assessment Report, Climate Change 2013: The Physical Science Basis, Summary for Policymakers

[4.11]   Jacob, D. et al. (2013). EURO-CORDEX: new high-resolution climate change projections for European impact research, Reg Environ Change, doi:10.1007/s10113-013-0499-2 (in press; available online).

[4.12]   Kunkel, K. E., T. R. Karl, H. Brooks, J. Kossin, J. H. Lawrimore, D. Arndt, L. Bosart, D. Changnon, S. L. Cutter, N. Doesken, K. Emanuel, P. Y. Groisman, R. W. Katz, T. Knutson, J. O'Brien, C. J. Paciorek, T. C. Peterson, K. Redmond, D. Robinson, J. Trapp, R. Vose, S. Weaver, M. Wehner, K. Wolter, and D. Wuebbles, 2013, Monitoring and understanding trends in extreme Storms. State of Knowledge. Bull. Amer. Meteor. Soc., 94, 499-514.

[4.13]   Kunkel, K. E., T. R. Karl, D. R. Easterling, K. Redmond, J. Young, X. Yin, and P. Hennon, 2013, Probable maximum precipitation and climate change. Geophys. Res. Lett., 40, 1402-1408.

[4.14]   Lins, H.F., and J.R. Slack, 1999, Streamflow trends in the United States, *Geophys. Res. Lett.*, 26, 227-230

[4.15]   McClelland, J.W., R.M. Holmes, B.J. Peterson, and M. Stieglitz, 2004, Increasing River discharge in the Eurasian Arctic: Consideration of dams, permafrost thaw, and fires as potential agents of change, *J. Geophys. Res.,* 109, D18102, doi:10.1029/2004JD004583

[4.16]   Meehl, G. A., J. M. Arblaster, J. T. Fasullo1, A. Hu, and K. E. Trenberth, 2011, Model-based evidence of deep-ocean heat uptake during surface-temperature hiatus periods. Nature Climate Change, 1, 360-364.

[4.17]   Milly, P.C.D., K.A. Dunne, and A.V. Vecchia, 2005, Global pattern of trends in streamflow and water availability in a changing climate, *Nature*, 438, 347-350, doi:10.1038/nature04312

[4.18]   Moss, R. et al., 2010, The next generation of scenarios for climate change research and assessment. Nature, 463, 747-756.

[4.19]   Nakićenović, N., Alcamo, J., Davis, G., de Vries, B., Fenhann, J., Gaffin, S., Gregory, K., Grübler, A., Jung, T.Y., Kram, T., La Rovere, E.L., Michaelis, L., Mori, S., Morita, T., Pepper, W., Pitcher, H., Price, L., Riahi, K., Roehrl, A., Rogner, H.-H., Sankovski, A., Schlesinger, M., Shukla, P., Smith, S., Swart, R., van Rooijen, S., Victor, N., Dadi, Z. (2000) IPCC Special Report on Emission Scenarios. Cambridge Univ. Press, 599 pp.

[4.20]   Peterson, B.J., R.M. Holmes, J.W. McClelland, C.J. Vörösmarty, R.B. Lammers, A.I. Shiklomanov, I.A. Shiklomanov, S. Rahmstorf, 2002, Increasing River Discharge to the Arctic Ocean, *Science,* 298, 2171-2173, DOI: 10.1126/science.1077445

[4.21]   Rosenzweig, C., et al. (2014), Assessing agricultural risks of climate change in the 21st century in a global gridded crop model intercomparison. Proceedings of the National Academy of Sciences, 111(9), doi: 10.1073/pnas.1222463110.

[4.22]   Stahl, K., H. Hisdal, J. Hannaford, L.M. Tallaksen, H.A.J. van Lanen, E. Sauquet, S. Demuth, M. Fendekova, and J. Jódar, 2010, Streamflow trends in Europe : evidence from a dataset of near-natural catchments, *Hydrol. Earth Syst. Sci.*, 14, 2367–2382, doi :10.5194/hess-14-2367-201

[4.23]   Taylor, K. E., R. J. Stouffer, and G. A. Meehl, 2012, An overview of CMIP5 and the experiment design. Bull. Amer. Meteor. Soc., 93, 485-498.

[4.24]   Van der Linden, P., Mitchell, J.F.B. (eds.) (2009). ENSEMBLES : Climate Change and its impacts: Summary of research and results from the ENSEMBLES project. Met Office Hadley Centre, Exeter, UK, 160 pp.

[4.25]   Warszawski, L., et al. (2014): The Inter-Sectoral Impact Model Intercomparison Project (ISI-MIP), Proceedings of the National Academy of Sciences, 111(9), 3228-3232, doi: 10.1073/pnas.1312330110

[4.26]   G. Lenderink, E. van Meijgaard, F. Selten. (2009). Intense coastal rainfall in the Netherlands in response to high sea surface temperatures: analysis of the event of August 2006 from the perspective of a changing climate. Clim. Dyn., 1, 2009, 32, 19-33, 10.1007/s00382-008-0366-x.

Références du Chapitre 5

[5.1]   Aelbrecht D., Goldstein R., Chen C., Herr J., Weinstraub L. (2007). Framework to analyze risk of climate change on Water and Energy Sustainability. First Western Energy-Water Forum - March 2007, Santa Barbara, CA (USA).

[5.2]   Ahmad, Q.K., R.A. Warrick, T.E. Downing, S. Nishioka, K.S. Parikh, C. Parmesan, S.H. Schneider, F. Toth and G. Yohe, 2001 : Methods and tools. Climate Change 2001 : Impacts, Adaptation, and Vulnerability. Contribution of II to the Third Assessment Report of the Intergovernmental Panel on Climate Change, J.J. McCarthy, O.F. Canziani, N.A. Leary, D.J. Dokken and K.S. White, Eds., Cambridge University Press, Cambridge, 105-143.

[5.3]   Bates, B.C., Z.W. Kundzewicz, S. Wu and J.P. Palutikof, Eds., 2008: Climate Change and Water. Technical Paper of the Intergovernmental Panel on Climate Change, IPCC Secretariat, Geneva, 210 pp.

[4.13] Kunkel, K. E., T. R. Karl, D. R. Easterling, K. Redmond, J. Young, X. Yin, and P. Hennon, 2013, Probable maximum precipitation and climate change. Geophys. Res. Lett., 40, 1402-1408.

[4.14] Lins, H.F., and J.R. Slack, 1999, Streamflow trends in the United States, *Geophys. Res. Lett.*, 26, 227-230

[4.15] McClelland, J.W., R.M. Holmes, B.J. Peterson, and M. Stieglitz, 2004, Increasing river discharge in the Eurasian Arctic: Consideration of dams, permafrost thaw, and fires as potential agents of change, *J. Geophys. Res.*, 109, D18102, doi:10.1029/2004JD004583

[4.16] Meehl, G. A., J. M. Arblaster, J. T. Fasullo1, A. Hu, and K. E. Trenberth, 2011, Model-based evidence of deep-ocean heat uptake during surface-temperature hiatus periods. Nature Climate Change, 1, 360-364.

[4.17] Milly, P.C.D., K.A. Dunne, and A.V. Vecchia, 2005, Global pattern of trends in streamflow and water availability in a changing climate, *Nature*, 438, 347-350, doi:10.1038/nature04312

[4.18] Moss, R. et al., 2010, The next generation of scenarios for climate change research and assessment. Nature, 463, 747-756.

[4.19] Nakićenović, N., Alcamo, J., Davis, G., de Vries, B., Fenhann, J., Gaffin, S., Gregory, K., Grübler, A., Jung, T.Y., Kram, T., La Rovere, E.L., Michaelis, L., Mori, S., Morita, T., Pepper, W., Pitcher, H., Price, L., Riahi, K., Roehrl, A., Rogner, H.-H., Sankovski, A., Schlesinger, M., Shukla, P., Smith, S., Swart, R., van Rooijen, S., Victor, N., Dadi, Z. (2000) IPCC Special Report on Emission Scenarios. Cambridge Univ. Press, 599 pp.

[4.20] Peterson, B.J., R.M. Holmes, J.W. McClelland, C.J. Vörösmarty, R.B. Lammers, A.I. Shiklomanov, I.A. Shiklomanov, S. Rahmstorf, 2002, Increasing River Discharge to the Arctic Ocean, *Science,* 298, 2171-2173, DOI: 10.1126/science.1077445

[4.21] Rosenzweig, C., et al. (2014), Assessing agricultural risks of climate change in the 21st century in a global gridded crop model intercomparison. Proceedings of the National Academy of Sciences, 111(9), doi: 10.1073/pnas.1222463110.

[4.22] Stahl, K., H. Hisdal, J. Hannaford, L.M. Tallaksen, H.A.J. van Lanen, E. Sauquet, S. Demuth, M. Fendekova, and J. Jódar, 2010, Streamflow trends in Europe: evidence from a dataset of near-natural catchments, *Hydrol. Earth Syst. Sci.*, 14, 2367–2382, doi:10.5194/ hess-14-2367-201

[4.23] Taylor, K. E., R. J. Stouffer, and G. A. Meehl, 2012, An overview of CMIP5 and the experiment design. Bull. Amer. Meteor. Soc., 93, 485-498.

[4.24] van der Linden, P., Mitchell, J.F.B. (eds.) (2009). ENSEMBLES: Climate Change and its impacts: Summary of research and results from the ENSEMBLES project. Met Office Hadley Centre, Exeter, UK, 160 pp.

[4.25] Warszawski, L., et al. (2014): *The Inter-Sectoral Impact Model Intercomparison Project (ISI-MIP)*, Proceedings of the National Academy of Sciences, 111(9), 3228-3232, doi: 10.1073/ pnas.1312330110

[4.26] G. Lenderink, E. van Meijgaard, F. Selten. (2009). Intense coastal rainfall in the Netherlands in response to high sea surface temperatures: analysis of the event of August 2006 from the perspective of a changing climate. *Clim. Dyn., 1, 2009, 32, 19-33, 10.1007/s00382-008-0366-x.*

References of Chapter 5

[5.1] Aelbrecht D., Goldstein R., Chen C., Herr J., Weinstraub L. (2007). Framework to analyze risk of climate change on Water and Energy Sustainability. First Western Energy-Water Forum - March 2007, Santa Barbara, CA (USA).

[5.2] Ahmad, Q.K., R.A. Warrick, T.E. Downing, S. Nishioka, K.S. Parikh, C. Parmesan, S.H. Schneider, F. Toth and G. Yohe, 2001: Methods and tools. Climate Change 2001: Impacts, Adaptation, and Vulnerability. Contribution of II to the Third Assessment Report of the Intergovernmental Panel on Climate Change, J.J. McCarthy, O.F. Canziani, N.A. Leary, D.J. Dokken and K.S. White, Eds., Cambridge University Press, Cambridge, 105-143.

[5.3] Bates, B.C., Z.W. Kundzewicz, S. Wu and J.P. Palutikof, Eds., 2008: Climate Change and Water. Technical Paper of the Intergovernmental Panel on Climate Change, IPCC Secretariat, Geneva, 210 pp.

[5.4] Bergström, S, Andrèasson, J., Graham, L.P. 2012: Climate adaptation of the swedish guidelines for design floods for dams, Transactions of the twenty-fourth international congress on large dams, Kyoto, Q. 93 – R. 2.

[5.5] Braun, M. et al. (2013), CIRCLE 2 Publication (submitted)

[5.6] Brekke, L.D., N.L. Miller, K.E. Bashford, N.W.T. Quinn and J.A. Dracup (2004): Climate change impacts uncertainty for water resources in the San Joaquin River valley, J. American Water Resources Association, February 2004, pp. 149-164.

[5.7] Carter, T.R., E.L. La Rovere, R.N. Jones, R. Leemans, L.O. Mearns, N. Nakićen- ović A.B. Pittock, S.M. Semenov and J. Skea (2001): Developing and applying scenarios. Climate Change 2001: Impacts, Adaptation, and Vulnerability. Con- tribution of Working Group II to the Third Assessment Report of the Intergov- ernmental Panel on Climate Change, J.J. McCarthy, O.F. Canziani, N.A. Leary, D.J. Dokken and K.S. White, Eds., Cambridge University Press, Cambridge, 145-190.

[5.8] Carter, T.R., R.N. Jones, X. Lu, S. Bhadwal, C. Conde, L.O. Mearns, B.C. O'Neill, M.D.A. Rounsevell and M.B. Zurek (2007): New Assessment Methods and the Characterisation of Future Conditions. Climate Change 2007: Impacts, Adaptation and Vulnerability. Contribution of Working Group II to the Fourth Assessment Report of the Intergovernmental Panel on Climate Change, M.L. Parry, O.F. Canziani, J.P. Palutikof, P.J. van der Linden and C.E. Hanson, Eds., Cambridge University Press, Cambridge, UK, 133-171.

[5.9] Chen, H., Xu, C-Y., Guo, S. (2012): Comparison and evaluation of multiple GCMs, statistical downscaling and hydrological models in the study of climate change impacts on runoff, J. Hydrol., 434-435, pp. 36-45.

[5.10] De Rocquigny E., Devictor N., Tarantola S. (2008). Uncertainty in Industrial Practice. A guide to quantitative uncertainty management, pp. 339, Wiley press Ed.

[5.11] IPCC (1994): IPCC technical guidelines for assessing climate change impacts and adaptations. IPCC Special Report to the First Session of the Conference of the Parties to the UN Framework Convention on Climate Change, Working Group II, Intergovernmental Panel on Climate Change, T.R. Carter, M.L. Parry, S. Nish- ioka and H. Harasawa, Eds., University College London and Center for Global Environmental Research, National Institute for Environmental Studies, Tsukuba, 59 pp.

[5.12] IPCC (1999). Guidelines on the use of scenario data for climate impact and adaptation assessment. IPCC task group on Scenarios for Climate Impact Assessment. Version 1, Dec. 1999.

[5.13] IPCC (2001): Climate change 2001: impacts, adaptation and vulnerability, Contribution of Working Group II to the Third Assessment Report of the Intergovernmental Panel on Climate Change, edited by J. J. McCarthy, O. F. Canziani, N. A. Leary, D. J. Dokken and K. S. White (eds). Cambridge University Press, Cambridge, UK, and New York, USA.

[5.14] IPCC (2001a) : Climate Change 2001: The Scientific Basis, Contribution of Working Group I to the Third Assessment Report of the Intergovernmental Panel on Climate Change, edited by Houghton, J.T.; Ding, Y.; Griggs, D.J.; Noguer, M.; van der Linden, P.J.; Dai, X.; Maskell, K.; and Johnson, C.A., Cambridge University Press. Cambridge, UK

[5.15] IPCC (2007): Climate Change 2007: Impacts, Adaptation and Vulnerability. Contribution of Working Group II to the Fourth Assessment Report of the Intergovernmental Panel on Climate Change, M.L. Parry, O.F. Canziani, J.P. Palutikof, P.J. van der Linden and C.E. Hanson, Eds., Cambridge University Press, Cambridge, UK, 976pp.

[5.16] IPCC (2007a) Climate Change 2007 : The Physical Science Basis. Contribution of Working Group I to the Fourth Assessment Report of the Intergovernmental Panel on Climate Change, 2007. Solomon, S., D. Qin, M. Manning, Z. Chen, M. Marquis, K.B. Averyt, M. Tignor and H.L. Miller (eds.) Cambridge University Press, Cambridge, United Kingdom and New York, NY, USA.

[5.17] Jones R.N., (2000). Analysing the risk of climate change using an irrigation model. Climate Research, 14, pp. 89-100.

[5.18] Knutti, R., G. Abramowitz, M. Collins, V. Eyring, P.J. Gleckler, B. Hewitson, and L. Mearns (2010): Good Practice Guidance Paper on Assessing and Combining Multi Model Climate

[5.4]   Bergström, S, Andrèasson, J., Graham, L.P. 2012 : Climate adaptation of the swedish guidelines for design floods for dams, Transactions of the twenty-fourth international congress on large dams, Kyoto, Q. 93 – R. 2.

[5.5]   Braun, M. et al. (2013), CIRCLE 2 Publication (submitted)

[5.6]   Brekke, L.D., N.L. Miller, K.E. Bashford, N.W.T. Quinn and J.A. Dracup (2004) : Climate change impacts uncertainty for water resources in the San Joaquin river valley, J. American Water Resources Association, February 2004, pp. 149-164.

[5.7]   Carter, T.R., E.L. La Rovere, R.N. Jones, R. Leemans, L.O. Mearns, N. Nakićen- ović A.B. Pittock, S.M. Semenov and J. Skea (2001): Developing and applying scenarios. Climate Change 2001: Impacts, Adaptation, and Vulnerability. Con- tribution of Working Group II to the Third Assessment Report of the Intergov- ernmental Panel on Climate Change, J.J. McCarthy, O.F. Canziani, N.A. Leary, D.J. Dokken and K.S. White, Eds., Cambridge University Press, Cambridge, 145-190.

[5.8]   Carter, T.R., R.N. Jones, X. Lu, S. Bhadwal, C. Conde, L.O. Mearns, B.C. O'Neill, M.D.A. Rounsevell and M.B. Zurek (2007): New Assessment Methods and the Characterisation of Future Conditions. Climate Change 2007: Impacts, Adaptation and Vulnerability. Contribution of Working Group II to the Fourth Assessment Report of the Intergovernmental Panel on Climate Change, M.L. Parry, O.F. Canziani, J.P. Palutikof, P.J. van der Linden and C.E. Hanson, Eds., Cambridge University Press, Cambridge, UK, 133-171.

[5.9]   Chen, H., Xu, C-Y., Guo, S. (2012): Comparison and evaluation of multiple GCMs, statistical downscaling and hydrological models in the study of climate change impacts on runoff, J. Hydrol., 434-435, pp. 36-45.

[5.10]   De Rocquigny E., Devictor N., Tarantola S. (2008). Uncertainty in Industrial Practice. A guide to quantitative uncertainty management, pp. 339, Wiley press Ed.

[5.11]   IPCC (1994): IPCC technical guidelines for assessing climate change impacts and adaptations. IPCC Special Report to the First Session of the Conference of the Parties to the UN Framework Convention on Climate Change, Working Group II, Intergovernmental Panel on Climate Change, T.R. Carter, M.L. Parry, S. Nish- ioka and H. Harasawa, Eds., University College London and Center for Global Environmental Research, National Institute for Environmental Studies, Tsukuba, 59 pp.

[5.12]   IPCC (1999). Guidelines on the use of scenario data for climate impact and adaptation assessment. IPCC task group on Scenarios for Climate Impact Assessment. Version 1, Dec. 1999.

[5.13]   IPCC (2001): Climate change 2001: impacts, adaptation and vulnerability, Contribution of Working Group II to the Third Assessment Report of the Intergovernmental Panel on Climate Change, edited by J. J. McCarthy, O. F. Canziani, N. A. Leary, D. J. Dokken and K. S. White (eds). Cambridge University Press, Cambridge, UK, and New York, USA.

[5.14]   IPCC (2001a): Climate Change 2001: The Scientific Basis, Contribution of Working Group I to the Third Assessment Report of the Intergovernmental Panel on Climate Change, edited by Houghton, J.T.; Ding, Y.; Griggs, D.J.; Noguer, M.; van der Linden, P.J.; Dai, X.; Maskell, K.; and Johnson, C.A., Cambridge University Press. Cambridge, UK

[5.15]   IPCC (2007): Climate Change 2007: Impacts, Adaptation and Vulnerability. Contribution of Working Group II to the Fourth Assessment Report of the Intergovernmental Panel on Climate Change, M.L. Parry, O.F. Canziani, J.P. Palutikof, P.J. van der Linden and C.E. Hanson, Eds., Cambridge University Press, Cambridge, UK, 976pp.

[5.16]   IPCC (2007a) Climate Change 2007: The Physical Science Basis. Contribution of Working Group I to the Fourth Assessment Report of the Intergovernmental Panel on Climate Change, 2007. Solomon, S., D. Qin, M. Manning, Z. Chen, M. Marquis, K.B. Averyt, M. Tignor and H.L. Miller (eds.) Cambridge University Press, Cambridge, United Kingdom and New York, NY, USA.

[5.17]   Jones R.N., (2000). Analysing the risk of climate change using an irrigation model. Climate Research, 14, pp. 89-100.

[5.18]   Knutti, R., G. Abramowitz, M. Collins, V. Eyring, P.J. Gleckler, B. Hewitson, and L. Mearns (2010): Good Practice Guidance Paper on Assessing and Combining Multi Model Climate

Projections. In: Meeting Report of the Intergovernmental Panel on Climate Change Expert Meeting on Assessing and Combining Multi Model Climate Projections [Stocker, T.F., D. Qin, G.-K. Plattner, M. Tignor, and P.M. Midgley (eds.)]. IPCC Working Group I Technical Support Unit, University of Bern, Bern, Switzerland.

[5.19]   Kumar, A., T. Schei, A. Ahenkorah, R. Caceres Rodriguez, J.-M. Devernay, M. Freitas, D. Hall, Å. Killingtveit, Z. Liu, (2011) : Hydropower. In IPCC Special Report on Renewable Energy Sources and Climate Change Mitigation [O. Edenhofer, R. Pichs-Madruga, Y. Sokona, K. Seyboth, P. Matschoss, S. Kadner, T. Zwickel, P. Eickemeier, G. Hansen, S. Schlömer, C. von Stechow (eds)], Cambridge University Press, Cambridge, United Kingdom and New York, NY, USA.

[5.20]   Kusunoki, S., R. Mizuta, and M. Matsueda, 2011, Future changes in the East Asian rain band projected by global atmospheric models with 20-km and 60-km grid size. Clim Dyn, 37, 2481-2493.

[5.21]   Maraun, D., Wetterhall, F., Ireson, A.M., Chandler, R.E., Kendon, E.J., Widmann, M., Brienen, S., Rust, H.W., Sauter, T., Themessl, M., Venema, V.K.C., Chun, K.P., Goodess, C.M., Jones, R.G., Onof, C., Vrac, M. and Thiele-Eich, I. (2010) : Precipitation Downscaling under climate change. Recent developments to bridge the gap between dynamical models and the end user, Rev. Geophys. 48, RG3003, DOI : 10.1029/2009RG000314

[5.22]   Mearns, L. O., M. Hulme, T. R. Carter, R. Leemans, M. Lal and P. H. Whetton, 2001 : Climate scenario development. Climate Change (2001) : The Scientific Basis. Contribution of Working Group I to the Third Assessment Report of the Intergovernmental Panel on Climate Change, J.T. Houghton, Y. Ding, D.J. Griggs, M. Noguer, P.J. van der Linden, X. Dai, K. Maskell and C.A. Johnson, Eds., Cam- bridge University Press, Cambridge, 739-768.

[5.23]   Mpelasoka, F.S. and Chiew, F.H.S. 2009. Influence of rainfall scenario construction methods on runoff projections. Journal of Hydrometeorology 10, 1168-83.

[5.24]   Roy, R., Pacher, G., Adamson, P., G., Roy, L., Silver, R. (2008) : Adaptive Resources Management for Water Resources Planning and Operations, Scientific and Technical Report requested by the World Bank.

[5.25]   Schmid, J., Ludwig, R., Muerth, M. (2012): Using a fuzzy-logic approach to model a reservoir and transfer system under climate change conditions, Proceedings of 2012 International Congress on Environmental Modelling and Software Managing Resources of a Limited Planet, Sixth Biennial Meeting, Leipzig, Germany R. Seppelt, A.A. Voinov, S. Lange, D. Bankamp (Eds.), http://www.iemss.org/sites/iemss2012/ proceedings/E2_0863_Schmid_et_al.pdf

[5.26]   Tachikawa, Y., S. Takino, Y. Fujioka, K. Yorozu, S. Kim, M. Shiiba, 2011, Projection of river discharge of Japanese river basins under a climate change scenario. Journal of Japan Society of Civil Engineers, Ser. B1 (Hydraulic Engineering), 67, 1-15 (in Japanese)

[5.27]   Themessl, M. J., A. Gobiet, and G. Heinrich (2012) : Empirical-statistical downscaling and error correction ofregional climate models and its impact on the climate change signal, Clim. Change, 112(2), 449-468, doi:10.1007/s10584-011-0224-4.

Références du Chapitre 7

[7.1]   Annandale, G.W. 2013. Quenching the Thirst: Sustainable Water Supply and Climate Change, CreateSpace Independent Publishing Platform, North Charleston, SC. ISBN 1480265152.

[7.2]   Gleeson, T., Y. Wada, M.F.P. Bierkens, and L.P.H. Van Beek. 2012. Water balance of global aquifers revealed by groundwater footprint, Nature, Vol. 488, August 9, pp. 197-200.

[7.3]   International Hydropower Association. 2003. "The Role of Hydropower in Sustainable Development, IHA White Paper

[7.4]   McMahon, T.A., G.G.S. Pegram. G.G.S., R.M. Vogel, R.M. and M.C. Peel, M.C. 2007. Review of Gould-Dincer Reservoir Storage-Yield-Reliability Estimates, Advances in Water Resources, Vol. 30, pp. 1873-1882.

[7.5]   Xie, J., Wu, B. and Annandale, G.W. 2012, Rapid Reservoir-Storage-Based Benefit Calculations, Jnl. Of Water Resources Planning and Management, doi: 10.106/ ASCE WR 1943-0000312.

Projections. In: Meeting Report of the Intergovernmental Panel on Climate Change Expert Meeting on Assessing and Combining Multi Model Climate Projections [Stocker, T.F., D. Qin, G.-K. Plattner, M. Tignor, and P.M. Midgley (eds.)]. IPCC Working Group I Technical Support Unit, University of Bern, Bern, Switzerland.

[5.19]   Kumar, A., T. Schei, A. Ahenkorah, R. Caceres Rodriguez, J.-M. Devernay, M. Freitas, D. Hall, Å. Killingtveit, Z. Liu, (2011): Hydropower. In IPCC Special Report on Renewable Energy Sources and Climate Change Mitigation [O. Edenhofer, R. Pichs-Madruga, Y. Sokona, K. Seyboth, P. Matschoss, S. Kadner, T. Zwickel, P. Eickemeier, G. Hansen, S. Schlömer, C. von Stechow (eds)], Cambridge University Press, Cambridge, United Kingdom and New York, NY, USA.

[5.20]   Kusunoki, S., R. Mizuta, and M. Matsueda, 2011, Future changes in the East Asian rain band projected by global atmospheric models with 20-km and 60-km grid size. Clim Dyn, 37, 2481-2493.

[5.21]   Maraun, D., Wetterhall, F., Ireson, A.M., Chandler, R.E., Kendon, E.J., Widmann, M., Brienen, S., Rust, H.W., Sauter, T., Themessl, M., Venema, V.K.C., Chun, K.P., Goodess, C.M., Jones, R.G., Onof, C., Vrac, M. and Thiele-Eich, I. (2010): Precipitation Downscaling under climate change. Recent developments to bridge the gap between dynamical models and the end user, Rev. Geophys. 48, RG3003, DOI: 10.1029/2009RG000314

[5.22]   Mearns, L. O., M. Hulme, T. R. Carter, R. Leemans, M. Lal and P. H. Whetton, 2001 : Climate scenario development. Climate Change (2001): The Scientific Basis. Contribution of Working Group I to the Third Assessment Report of the Intergovernmental Panel on Climate Change, J.T. Houghton, Y. Ding, D.J. Griggs, M. Noguer, P.J. van der Linden, X. Dai, K. Maskell and C.A. Johnson, Eds., Cam- bridge University Press, Cambridge, 739-768.

[5.23]   Mpelasoka, F.S. and Chiew, F.H.S. 2009. Influence of rainfall scenario construction methods on runoff projections. Journal of Hydrometeorology 10, 1168-83.

[5.24]   Roy, R., Pacher, G., Adamson, P., G., Roy, L., Silver, R. (2008) : Adaptive Resources Management for Water Resources Planning and Operations, Scientific and Technical Report requested by the World Bank.

[5.25]   Schmid, J., Ludwig, R., Muerth, M. (2012): Using a fuzzy-logic approach to model a reservoir and transfer system under climate change conditions, Proceedings of 2012 International Congress on Environmental Modelling and Software Managing Resources of a Limited Planet, Sixth Biennial Meeting, Leipzig, Germany R. Seppelt, A.A. Voinov, S. Lange, D. Bankamp (Eds.), http://www.iemss.org/sites/iemss2012/ proceedings/E2_0863_Schmid_et_al.pdf

[5.26]   Tachikawa, Y., S. Takino, Y. Fujioka, K. Yorozu, S. Kim, M. Shiiba, 2011, Projection of river discharge of Japanese river basins under a climate change scenario. Journal of Japan Society of Civil Engineers, Ser. B1 (Hydraulic Engineering), 67, 1-15 (in Japanese)

[5.27]   Themessl, M. J., A. Gobiet, and G. Heinrich (2012) : Empirical-statistical downscaling and error correction ofregional climate models and its impact on the climate change signal, Clim. Change, 112(2), 449-468, doi:10.1007/s10584-011-0224-4.

References of Chapter 7

[7.1]   Annandale, G.W. 2013. Quenching the Thirst: Sustainable Water Supply and Climate Change, CreateSpace Independent Publishing Platform, North Charleston, SC. ISBN 1480265152.

[7.2]   Gleeson, T., Y. Wada, M.F.P. Bierkens, and L.P.H. van Beek. 2012. Water balance of global aquifers revealed by groundwater footprint, Nature, Vol. 488, August 9, pp. 197-200.

[7.3]   International Hydropower Association. 2003. "The Role of Hydropower in Sustainable Development, IHA White Paper

[7.4]   McMahon, T.A., G.G.S. Pegram. G.G.S., R.M. Vogel, R.M. and M.C. Peel, M.C. 2007. Review of Gould-Dincer Reservoir Storage-Yield-Reliability Estimates, Advances in Water Resources, Vol. 30, pp. 1873-1882.

[7.5]   Xie, J., Wu, B. and Annandale, G.W. 2012, Rapid Reservoir-Storage-Based Benefit Calculations, Jnl. Of Water Resources Planning and Management, doi: 10.106/ ASCE WR 1943-0000312.

Références du Chapitre 8

[8.1]   Abril, G. and A.V. Borges. 2005. Carbon dioxide and methane emissions from estuaries. In: Tremblay, A., L. Varfalvy, C. Roehm and M. Garneau (Eds.). Greenhouse gas emissions: fluxes and processes, hydroelectric reservoirs and natural environments. Springer-Verlag, Berlin, Heidelberg, New York.pp 187-207.

[8.2]   Abril, G., F. Guérin, S. Richard, R. Delmas, C. Galy-Lacaux, P. Gosse, A. Tremblay, L. Varfalvy, M.A. dos Santos and B. Matvienko. 2005. Carbon dioxide and methane emissions and the carbon budget of a 10-year-old tropical reservoir (Petit-Saut, French Guiana). Global Biogeochem. Cycles. 19, GB4007.

[8.3]   Barros N., J.J. Cole, L.J. Tranvik, Y.T. Prairie, D. Bastviken, V.L. M. Huszar, P. Del Giorgio and F. Roland. 2011. Carbon emission from hydroelectric reservoirs linked to reservoir age and latitude. Nature Geoscience. DOI : 10.1038/NGEO1211.

[8.4]   Bastien J. and M. Demarty. 2013. Spatio-temporal variation of gross CO_2 and CH_4 diffusive emissions from Australian reservoirs and natural aquatic ecosystems, and estimation of net reservoir emissions. Lakes and Reservoirs: Research and Management 2013 18: 115–127.

[8.5]   Blais, A.-M., S. Lorrain, and A. Tremblay. 2005. Greenhouse gas fluxes (CO_2, CH_4 and N_2O) in forests and wetlands of boreal, temperate, and tropical regions. In : Tremblay, A., L. Varfalvy, C. Roehm and M. Garneau (Eds.). Greenhouse gas emissions: fluxes and processes, hydroelectric reservoirs, and natural environments. Springer-Verlag, Berlin, Heidelberg, New York. Pp87-127.

[8.6]   Cai W.J. and Y.Wang. 1998. The chemistry, fluxes, and sources of carbon dioxide in the estuarine waters of the Satilla and Altamaha Rivers, Georgia. Limnol. Oceanogr. 43(4) : 657-668.

[8.7]   Chanudet V, S. Descloux, A. Harby, H. Sundt, B.H. Hansen, O. Brakstad, D. Serça and F. Guerin. 2011. Gross CO_2 and CH_4 emissions from the Nam Ngum and Nam Leuk sub-tropical reservoirs in Lao PDR. Sci Total Environ. doi: 10.1016/j.scitotenv.2011.09.018.

[8.8]   Cole, J. J., Y.T. Prairie, N.F. Caraco, W.H. McDowell, L.J. Tranvik, R.G. Striegl, C.M. Duarte, P. Kortelainen, J.A. Downing, J.J. Middelburg and J. Melack. 2007. Plumbing the global carbon cycle : Integrating inland waters into the terrestrial carbon budget. Ecosystems. 10 :172–185.

[8.9]   Deblois C.P., R. Aranda-Rodriguez, A. Giani and D.F. Bird. 2007. Microcystin accumulation in liver and muscle of tilapia in two large Brazilian hydroelectric reservoirs. Toxicon. 51(3):435-448.

[8.10] DelSontro, T., D.F. McGinnis, S. Sobek, I. Ostrovsky and B. Wehrli. 2010. Extreme methane emissions from a Swiss hydropower reservoir : Contribution from bubbling sediments. Environ. Sci. Technol. 44, 2419–2425.

[8.11] Delmas R., S. Richard, F. Guérin, G. Abril, C. Galy-Lacaux and A. Grégoire. 2005. Long-term greenhouse gas emission from the hydroelectric reservoir Petit-Saut (French Guiana) and potential impacts. In : Tremblay, A., Varfalvy, L., Roehm, C., Garneau., M. (Eds.), Greenhouse Gas Emissions: Fluxes and Processes, Hydroelectric Reservoirs and Natural Environments. Springer, Berlin, Germany. pp. 293–312.

[8.12] Demarty, M., J. Bastien, A. Tremblay, R.H. Hesslein and R. Gill. 2009. Greenhouse gas emissions from boreal reservoirs in Manitoba and Québec, Canada, measured with automated systems. Environ. Sci. Technol. 43 :8908–8915. doi :10.1021/es8035658.

[8.13] Demarty M., J. Bastien and A. Tremblay. 2011. Annual follow-up of gross diffusive carbon dioxide and methane emissions from a boreal reservoir and two nearby lakes in Québec, Canada. Biogeosciences. 8:41-53.

[8.14] Demarty M. and J. Bastien. 2011-b. GHG emissions from hydroelectric reservoirs in tropical and equatorial regions: Review of 20 years of CH_4 emission measurements Energy Policy 39 (2011) pp. 4197–4206.

[8.15] Descloux S, P. Guedant, D. Phommachanh and R. Luthi. 2014. Main features of the Nam Theun 2 hydroelectric project (Lao PDR) and the associated environmental monitoring programmes. Hydroécol. Appl. doi: 10.1051/hydro/2014005.

References of Chapter 8

[8.1]   Abril, G., and A.V. Borges. 2005. Carbon dioxide and methane emissions from estuaries. In: Tremblay, A., L. Varfalvy, C. Roehm and M. Garneau (Eds.). Greenhouse gas emissions: fluxes and processes, hydroelectric reservoirs, and natural environments. Springer-Verlag, Berlin, Heidelberg, New York.pp 187-207.

[8.2]   Abril, G., F. Guérin, S. Richard, R. Delmas, C. Galy-Lacaux, P. Gosse, A. Tremblay, L. Varfalvy, M.A. dos Santos and B. Matvienko. 2005. Carbon dioxide and methane emissions and the carbon budget of a 10-year-old tropical reservoir (Petit-Saut, French Guiana). Global Biogeochem. Cycles. 19, GB4007.

[8.3]   Barros N., J.J. Cole, L.J. Tranvik, Y.T. Prairie, D. Bastviken, V.L. M. Huszar, P. Del Giorgio and F. Roland. 2011. Carbon emission from hydroelectric reservoirs linked to reservoir age and latitude. Nature Geoscience. DOI: 10.1038/NGEO1211.

[8.4]   Bastien J. and M. Demarty. 2013. Spatio-temporal variation of gross CO_2 and CH_4 diffusive emissions from Australian reservoirs and natural aquatic ecosystems, and estimation of net reservoir emissions. Lakes and Reservoirs: Research and Management 2013 18: 115–127.

[8.5]   Blais, A.-M., S. Lorrain and A. Tremblay. 2005. Greenhouse gas fluxes (CO_2, CH_4 and N_2O) in forests and wetlands of boreal, temperate and tropical regions. In: Tremblay, A., L. Varfalvy, C. Roehm and M. Garneau (Eds.). Greenhouse gas emissions: fluxes and processes, hydroelectric reservoirs, and natural environments. Springer-Verlag, Berlin, Heidelberg, New York. pp87-127.

[8.6]   Cai W.J. and Y.Wang. 1998. The chemistry, fluxes, and sources of carbon dioxide in the estuarine waters of the Satilla and Altamaha Rivers, Georgia. Limnol. Oceanogr. 43(4): 657-668.

[8.7]   Chanudet V, S. Descloux, A. Harby, H. Sundt, B.H. Hansen, O. Brakstad, D. Serça and F. Guerin. 2011. Gross CO_2 and CH_4 emissions from the Nam Ngum and Nam Leuk sub-tropical reservoirs in Lao PDR. Sci Total Environ. doi: 10.1016/j.scitotenv.2011.09.018.

[8.8]   Cole, J. J., Y.T. Prairie, N.F. Caraco, W.H. McDowell, L.J. Tranvik, R.G. Striegl, C.M. Duarte, P. Kortelainen, J.A. Downing, J.J. Middelburg and J. Melack. 2007. Plumbing the global carbon cycle: Integrating inland waters into the terrestrial carbon budget. Ecosystems. 10:172–185.

[8.9]   Deblois C.P., R. Aranda-Rodriguez, A. Giani and D.F. Bird. 2007. Microcystin accumulation in liver and muscle of tilapia in two large Brazilian hydroelectric reservoirs. Toxicon. 51(3):435-448.

[8.10] DelSontro, T., D.F. McGinnis, S. Sobek, I. Ostrovsky and B. Wehrli. 2010. Extreme methane emissions from a Swiss hydropower reservoir: Contribution from bubbling sediments. Environ. Sci. Technol. 44, 2419–2425.

[8.11] Delmas R., S. Richard, F. Guérin, G. Abril, C. Galy-Lacaux and A. Grégoire. 2005. Long-term greenhouse gas emission from the hydroelectric reservoir Petit-Saut (French Guiana) and potential impacts. In: Tremblay, A., Varfalvy, L., Roehm, C., Garneau., M. (Eds.), Greenhouse Gas Emissions: Fluxes and Processes, Hydroelectric Reservoirs and Natural Environments. Springer, Berlin, Germany. pp. 293–312.

[8.12] Demarty, M., J. Bastien, A. Tremblay, R.H. Hesslein and R. Gill. 2009. Greenhouse gas emissions from boreal reservoirs in Manitoba and Québec, Canada, measured with automated systems. Environ. Sci. Technol. 43:8908–8915. doi:10.1021/es8035658.

[8.13] Demarty M., J. Bastien and A. Tremblay. 2011. Annual follow-up of gross diffusive carbon dioxide and methane emissions from a boreal reservoir and two nearby lakes in Québec, Canada. Biogeosciences. 8:41-53.

[8.14] Demarty M. and J. Bastien. 2011-b. GHG emissions from hydroelectric reservoirs in tropical and equatorial regions: Review of 20 years of CH_4 emission measurements Energy Policy 39 (2011) pp. 4197–4206.

[8.15] Descloux S, P. Guedant, D. Phommachanh and R. Luthi. 2014. Main features of the Nam Theun 2 hydroelectric project (Lao PDR) and the associated environmental monitoring programmes. Hydroécol. Appl. doi: 10.1051/hydro/2014005.

[8.16]   Deshmukh C., D. Serça1, C. Delon1, R. Tardif, M. Demarty, C. Jarnot1, Y. Meyerfeld, V. Chanudet, P. Guédant, W. Rode, S. Descloux and F. Guérin. 2014. Physical controls on CH4 emissions from a newly flooded subtropical freshwater hydroelectric reservoir: Nam Theun 2. Biogeosciences.11:4251–4269.

[8.17]   Diem T., S. Koch, S. Schwarzenbach, B. Wehrli and C. J. Schubert. 2012. Greenhouse gas emissions (CO2, CH4, and N2O) from several perialpine and alpine hydropower reservoirs by diffusion and loss in turbines. Aquatic sciences. 74(3):619-635.

[8.18]   Dos Santos, M.A., L.P. Rosa, B. Sikar, E. Sikar and E.O. Dos Santos. 2006. Gross greenhouse gas fluxes from hydro-power reservoir compared to thermo-power plants. Energy Policy. Vol 34: 481-488.

[8.19]   Gunkel, G., 2009. Hydropower: a green energy? Tropical reservoirs and greenhouse gas emissions. Clean 37 (9): 726–734. doi:10.1002/clen.200900062.

[8.20]   Harby, A., F. Guerin, J. Bastien and M. Demarty. 2012. Greenhouse gas status of hydro reservoirs. CEDREN Report, Trondheim, Norway.

[8.21]   Huttunen J.T., T.S. Vaïsänen, S.K. Hellsten, M. Heikkinen, H. Nykänen, H. Jungner, A. Niskanen, M.O. Virtanen, O.V. Lindqvist, O.S. Nenonen and P.J.Martikainen. 2002. Fluxes of CH4, CO2 and N2O in hydroelectric reservoirs Lokka and Porttipahta in the northern boreal zone un Finland. Global Biogeochem. cycles. 16(1).

[8.22]   Marchand, D., M. Demarty and A. Tremblay. 2012. Aménagement hydroélectrique de l'Eastmain-1 – Étude des flux de gaz à effet de serre – Résultats été 2012. Joint report from Environnement Illimité inc. and Hydro-Québec Production, Direction Gestion des actifs et conformité réglementaire. 46 pages and 1 appendix.

[8.23]   Pelletier L., I.B. Stachan, M. Garneau and N.T. Roulet. 2014. Carbon release from boreal peatland open water pools: implication for the contemporary C exchange. J. Geophys. Res. Biogeosci. 119, doi:10.1002/2013JG002423.

[8.24]   Roehm C. L. and N. T. Roulet. 2003. Seasonal contribution of CO2 fluxes in the annual C budget of a northern bog. Global Biogeochemical Cycles. 17,1. doi: 10.1029/2002GB001889

[8.25]   Rosa, L.P., M.A. dos Santos, B. Matvienko, E.O. dos Santos, and E. Sikar. 2004. Greenhouse gases emissions by hydroelectric reservoirs in tropical regions. Climate Change. 66 (1–2):9–21.

[8.26]   Rudd, J.W.M., R. Harris, C.A. Kelly, R.E. and Hecky. 1993. Are hydroelectric reservoirs significant sources of greenhouse gases? Ambio. 22:246–248.

[8.27]   Teodoru, C R., J. Bastien, M.C. Bonneville, P. A. Del Giorgio, M. Demarty, M. Garneau, J.F. Hélie, L. Pelletier, Y.T. Prairie, N.T. Roulet, I.B. Strachan, and A. Tremblay. 2012. The net carbon footprint of a newly created boreal hydroelectric reservoir. Global Biogeochem. Cycles, 26, GB2016, doi:10.1029/2011GB004187.

[8.28]   Tremblay, A., J. Therrien, B. Hamlin, E. Wichmann and L.J. LeDrew. 2005. GHG emissions from boreal reservoirs and natural aquatic ecosystems. In : Tremblay, A., Varfalvy, L., Roehm, C., Garneau., M. (Eds.), Greenhouse Gas Emissions: Fluxes and Processes, Hydroelectric Reservoirs and Natural Environments. Springer, Berlin, Germany, pp. 209–232.

[8.29]   Tremblay A., J. Bastien, M. Demarty, C. Demers. 2009. GHG Fluxes (CO2, CH4, N2O) before and during the first three years after flooding at the Eastmain-1 reservoir (Quebec, Canada). Canadian dam association.

[8.30]   UNESCO/IHA, 2010. Goldenfum, J.A. (Ed.), GHG Measurement Guidelines for Freshwater Reservoirs. IHA, London, UK.

[8.31]   Venkiteswaran, J. J., S. L. Schiff, V. L. St. Louis, C. J. D. Matthews, N. M. Boudreau, E. M. Joyce, K. G. Beaty and R.A. Bodaly. 2013. Process affecting greenhouse gas production in experimental boreal reservoirs. Global Biogeochem. Cycles. 27 : 567-577. Doi :10.1002/gbc.20046.

[8.32]   ZWetzel, R.G. 2001.Limnology. Third Edition. Academic press.

[8.33]   Zhao Y., B. Sherman, P. Ford, M. Demarty, T. Del Sontro, A. Harby, A. Tremblay, I.B. Øverjordet, X. Zhao, B.H. Hansen, B. Wu. 2015. A comparison of methods for the measurement of CO2 and CH4 emissions from surface water reservoirs: Results from an international workshop held at Three Gorges Dam, June 2012. Limnol. Oceanogr. Methods. 13 :15–29.

[8.16]   Deshmukh C., D. Serça1, C. Delon1, R. Tardif, M. Demarty, C. Jarnot1, Y. Meyerfeld, V. Chanudet, P. Guédant, W. Rode, S. Descloux and F. Guérin. 2014. Physical controls on CH4 emissions from a newly flooded subtropical freshwater hydroelectric reservoir: Nam Theun 2. Biogeosciences.11:4251–4269.

[8.17]   Diem T., S. Koch, S. Schwarzenbach, B. Wehrli and C. J. Schubert. 2012. Greenhouse gas emissions (CO2, CH4, and N2O) from several perialpine and alpine hydropower reservoirs by diffusion and loss in turbines. Aquatic sciences. 74(3):619-635.

[8.18]   Dos Santos, M.A., L.P. Rosa, B. Sikar, E. Sikar and E.O. Dos Santos. 2006. Gross greenhouse gas fluxes from hydro-power reservoir compared to thermo-power plants. Energy Policy. Vol 34: 481-488.

[8.19]   Gunkel, G., 2009. Hydropower: a green energy? Tropical reservoirs and greenhouse gas emissions. Clean 37 (9): 726–734. doi:10.1002/clen.200900062.

[8.20]   Harby, A., F. Guerin, J. Bastien and M. Demarty. 2012. Greenhouse gas status of hydro reservoirs. CEDREN Report, Trondheim, Norway.

[8.21]   Huttunen J.T., T.S. Vaïsänen, S.K. Hellsten, M. Heikkinen, H. Nykänen, H. Jungner, A. Niskanen, M.O. Virtanen, O.V. Lindqvist, O.S. Nenonen and P.J.Martikainen. 2002. Fluxes of CH4, CO2 and N2O in hydroelectric reservoirs Lokka and Porttipahta in the northern boreal zone un-Finland. Global Biogeochem. cycles. 16(1).

[8.22]   Marchand, D., M. Demarty and A. Tremblay. 2012. Aménagement hydroélectrique de l'Eastmain-1 – Étude des flux de gaz à effet de serre – Résultats été 2012. Joint report from Environnement Illimité inc. and Hydro-Québec Production, Direction Gestion des actifs et conformité réglementaire. 46 pages and 1 appendix.

[8.23]   Pelletier L., I.B. Stachan, M. Garneau and N.T. Roulet. 2014. Carbon release from boreal peatland open water pools: implication for the contemporary C exchange. J. Geophys. Res. Biogeosci. 119, doi:10.1002/2013JG002423.

[8.24]   Roehm C. L. and N. T. Roulet. 2003. Seasonal contribution of CO2 fluxes in the annual C budget of a northern bog. Global Biogeochemical Cycles. 17,1. doi: 10.1029/2002GB001889

[8.25]   Rosa, L.P., M.A. dos Santos, B. Matvienko, E.O. dos Santos, and E. Sikar. 2004. Greenhouse gases emissions by hydroelectric reservoirs in tropical regions. Climate Change. 66 (1–2):9–21.

[8.26]   Rudd, J.W.M., R. Harris, C.A. Kelly, R.E. and Hecky. 1993. Are hydroelectric reservoirs significant sources of greenhouse gases? Ambio. 22:246–248.

[8.27]   Teodoru, C R., J. Bastien, M.C. Bonneville, P. A. Del Giorgio, M. Demarty, M. Garneau, J.F. Hélie, L. Pelletier, Y.T. Prairie, N.T. Roulet, I.B. Strachan, and A. Tremblay. 2012. The net carbon footprint of a newly created boreal hydroelectric reservoir. Global Biogeochem. Cycles, 26, GB2016, doi:10.1029/2011GB004187.

[8.28]   Tremblay, A., J. Therrien, B. Hamlin, E. Wichmann and L.J. LeDrew. 2005. GHG emissions from boreal reservoirs and natural aquatic ecosystems. In: Tremblay, A., Varfalvy, L., Roehm, C., Garneau., M. (Eds.), Greenhouse Gas Emissions: Fluxes and Processes, Hydroelectric Reservoirs and Natural Environments. Springer, Berlin, Germany, pp. 209–232.

[8.29]   Tremblay A., J. Bastien, M. Demarty, C. Demers. 2009. GHG Fluxes (CO2, CH4, N2O) before and during the first three years after flooding at the Eastmain-1 reservoir (Quebec, Canada). Canadian dam association.

[8.30]   UNESCO/IHA, 2010. Goldenfum, J.A. (Ed.), GHG Measurement Guidelines for Freshwater Reservoirs. IHA, London, UK.

[8.31]   Venkiteswaran, J. J., S. L. Schiff, V. L. St. Louis, C. J. D. Matthews, N. M. Boudreau, E. M. Joyce, K. G. Beaty, and R.A. Bodaly. 2013. Process affecting greenhouse gas production in experimental boreal reservoirs. Global Biogeochem. Cycles. 27: 567-577. Doi:10.1002/gbc.20046.

[8.32]   Wetzel, R.G. 2001.Limnology. Third Edition. Academic press.

[8.33]   Zhao Y., B. Sherman, P. Ford, M. Demarty, T. Del Sontro, A. Harby, A. Tremblay, I.B. Øverjordet, X. Zhao, B.H. Hansen, B. Wu. 2015. A comparison of methods for the measurement of CO2 and CH4 emissions from surface water reservoirs: Results from an international workshop held at Three Gorges Dam, June 2012. Limnol. Oceanogr. Methods. 13:15–29.

12. REMERCIEMENTS

12.1. PILOTAGE DE LA RÉDACTION DES CHAPITRES

Le Comité technique de la CIGB sur " Les changements climatiques mondiaux et les barrages, réservoirs et cours d'eau associés " n'aurait pas terminé ce bulletin sans le travail ni le pilotage assuré par Denis Aelbrecht (France) en tant que vice-président. Il a préparé une grande partie du bulletin et a consolidé les travaux des autres contributeurs, améliorant ainsi le produit final. Il a eu la capacité unique de participer à la discussion du comité et en même temps de saisir et coordonner les contributions dans ce bulletin.

Le Comité sur les changements climatiques mondiaux et les barrages, réservoirs et cours d'eau associés exprime sa reconnaissance et ses remerciements particuliers aux auteurs principaux et collaborateurs des chapitres techniques suivants - voir la liste des auteurs et co-auteurs à la section 2.2.2.

12.2. COMITÉ CIGB POUR L'ENVIRONNEMENT

Le Comité sur les changements climatiques mondiaux et les barrages, réservoirs et cours d'eau associés remercie le Comité de l'environnement de la CIGB pour sa contribution au chapitre 8. En particulier, notre Comité technique remercie tout spécialement le président du Comité technique de la CIGB sur l'environnement, M. Jean-Pierre Chabal, et Mme Maud Demarty, qui ont apporté une contribution déterminante au chapitre 8.

12.3. LIENS AVEC D'AUTRES INITIATIVES RÉGIONALES OU INTERNATIONALES

Bien que la plupart des informations données dans ce premier bulletin officiel de la CIGB traitant des questions de changement climatique, aient été recueillies grâce à l'expérience des auteurs, ces derniers tiennent cependant à souligner les autres initiatives suivantes qui existent dans le monde entier et auxquelles il est fait référence lorsqu'elles sont pertinentes dans le présent bulletin.

- Rapport d'évaluation n°5 du GIEC

- Working Group I report : The physical science basis (released in 2013)

- Working Group II report : Impacts, adaptation and vulnerability (released in 2014)

- Rapport special du GIEC sur les énergies renouvelables (SRREN) – 2011

- Rapport special du GIEC sur sur la gestion des risques liés aux évènements extrêmes pour développer l'adaptation au changement climatique (SREX) – 2012 – see reference [4.8]

- Consortium Ouranos (Canada) – voir http://www.ouranos.ca

- Initiative WaterSMART de l'USBR : voir http://www.usbr.gov/WaterSMART/

- Initiative de la Banque Mondiale sur l'Afrique et la stratégie climatique : "Enhancing the climate resilience of Africa's Infrastructure : the power and water sector" – R. Cervigni, R. Linden, J. Neuman, K. Strzepek editors (World Bank, United Nations and AFD, 2015)

12. ACKNOWLEDGEMENTS

12.1. CHAPTERS LEADING AUTHORS

The ICOLD Technical Committee on "Global Climate Change and Dams, Reservoirs and the Associated Water Resourses" would not have completed this bulletin with the work and leadership of Denis Aelbrecht of France as Vice-Chair. He prepared a large part of the bulletin as well as consolidated the work of others, improving upon the product. He had the unique ability to participate in the committee's discussion and at the same time capture the discussions in this bulletin.

The Committee on Global Climate Change and Dams, Reservoirs and the Associated Water Resourses gratefully expresses special thanks and recognition to the following leading and contributing authors of technical chapters – see list of authors and co-authors in section 2.2.2.

12.2. ICOLD ENVIRONMENT COMMITTEE

The Committee on Global Climate Change and Dams, Reservoirs and the Associated Water Resourses thanks ICOLD's Environmental Committee for contributions to Chapter 8. In particular, our Technical Committee expresses special thanks to ICOLD TC on Environement chairman, M. Jean-Pierre Chabal, and to Mrs Maud Demarty, who provided an instrumental contribution for Chapter 8.

12.3. CONNECTIONS WITH OTHER REGIONAL OR INTERNATIONAL INITIATIVES

Although most of the information, given in this formally first bulletin of ICOLD dealing climate change issues, has been gathered thanks to the experience of the authors, they would however like to acknowledge the following other initiatives which are existing worldwide and to which reference is made when relevant in the present bulletin.

- IPCC Assessment report 5

- Working Group I report : The physical science basis (released in 2013)

- Working Group II report : Impacts, adaptation and vulnerability (released in 2014)

- IPCC Special Report on Renewable Energy (SRREN) – 2011

- IPCC Special Report on Managing the Risks of Extreme Events and Disasters to Advance Climate Change Adaptation (SREX) – 2012 – see reference [4.8]

- Ouranos consortium (Canada) – see http://www.ouranos.ca

- USBR WaterSMART : see http://www.usbr.gov/WaterSMART/

- World Bank initiative on Climate change and Africa strategy: "Enhancing the climate resilience of Africa's Infrastructure: the power and water sector" – R. Cervigni, R. Linden, J. Neuman, K. Strzepek editors (World Bank, United Nations and AFD, 2015)

- Projet européen CORDEX : voir www.cordex.org et la reference suivante :

  Giorgi F, Jones C, Asrar GR. (2006). Addressing climate information needs at the regional level: the CORDEX framework. *Bulletin World Meteo. Org.* 58:175–183.

- Projet européen ENSEMBLES : voir www.ensembles-eu.org

- Observatoire du Sahara et du Sahel - see http://www.oss-online.org/

- Observatoire du Bassin du Niger – see http://www.abn.ne

- Agence international de l'Energie : Hydropower agreement, Task 1: Managing the Carbon Balance in Freshwater Reservoirs – voir : http://www.ieahydro.org/Current_Activities.html

- Association Internationale de l'Hydroélectricité (IHA) : GHG measurement associated to reservoirs guidelines : http://www.hydropower.org/iha/development/ghg/guidelines.html

… et beaucoup d'autres.

- European CORDEX project : see www.cordex.org and following reference :

  Giorgi F, Jones C, Asrar GR. (2006). Addressing climate information needs at the regional level: the CORDEX framework. Bulletin World Meteo. Org. 58:175–183.

- European ENSEMBLES project : see www.ensembles-eu.org

- Observatoire du Sahara et du Sahel - see http://www.oss-online.org/

- Observatoire du Bassin du Niger – see http://www.abn.ne

- International Energy Agency : Hydropower agreement, Task 1: Managing the Carbon Balance in Freshwater Reservoirs – see : http://www.ieahydro.org/Current_Activities.html

- International Hydropower Association (IHA) : GHG measurement associated to reservoirs guidelines : http://www.hydropower.org/iha/development/ghg/guidelines.html

... and many others.

13. GLOSSAIRE SUCCINCT

Gestion adaptative – décrit le processus d'adaptation aux changements lorsqu'ils deviennent connus et compris.

AMO – oxydation aérobique du méthane

AR4, AR5 – se rapporte aux 4ème et 5ème rapport d'évaluation publiés par le GIEC

CH₄ – Méthane.

CMIP5 – (Coupled model inter-comparison project phase 5) : projet fournissant un cadre homogène et standardisé pour la simulation coordonnée de scenarios climatiques futurs

CO₂ – dioxyde de carbone.

Niveau de confiance (confidence level) – selon la definition du GIEC (voir encart TS.1 du résumé technique du rapport AR5 (2013) pour plus d'information):

Les niveaux de confiance haut, medium, et bas, such as *high, medium, and low confidence*, font partie des qualificatifs d'indice de confiance associés aux projections climatiques du GIEC.

ENSO – El Nino-Southern Oscillation : effets de l'oscillation des températures de l'Océan Pacifique sur la circulation atmosphérique.

GCM / MCG – General Circulation Model(s). Modèles de circulation générale; on parle aussi de modèles climatiques globaux (MCG)

GHG / GES – Greenhouse gas / Gaz à effet de serre

IPCC / GIEC – Intergovernmental Panel on Climate Change / Groupe d'experts inter-gouvernemental sur l'évolution du climat. Organisation conjointe du Programme des Nations Unies pour l'Environnement (PNUE), et de l'Organisation Météorologiques Mondiale (OMM).

Niveau de probabilité – selon la définition du GIEC (voir encart TS.1 du résumé technique du rapport AR5 (2013) pour plus d'information) :

Les niveaux de probabilité (ou vraisemblance) sont définis à travers des gammes de probabilité dans les rapports d'évaluation du GIEC, par exemple : *probable* ⇨ 66-100%, *très probable* ⇨ 90-100%, and *quasiment certain* ⇨ 99-100%.

N₂O – Protoxyde d'azote

No regrets approach – décrit le processus de gestion adaptative des changements lorsque nécessaire, ni trop tôt (ie. avant que la situation ne soit bien comprise), ni trop tard (pour ne pas regretter d'avoir manqué une décision au moment opportun).

PMP – *Probable maximum precipitation* : Précipitation maximale probable

PMF – *Probable maximum flood* : Crue maximale probable

RCM – *Regional climate models* : modèle climatique régionaux (haute résolution)

RCP – *Representative concentration pathways* : il s'agit de scenarios ou trajectoires d'évolution possible des émissions de gaz à effet de serre, adoptés par le GIEC pour son rapport d'évaluation n°5 (AR5); ils remplacent la famille des scénarios SRES utilisés pour le rapport d'évaluation n°4 (AR4).

13.   BRIEF GLOSSARY

Adaptive management – is the process of adapting to changes as they become known and understood.

AMO – Aerobic methane oxidation

AR4, AR5 – refer to 4th and 5th Assessment Report published by IPCC

CH_4 – Methane.

CMIP5 – Coupled model inter-comparison project phase 5 provides a standard experimental protocol for coordinated climate model experiments

CO_2 – Carbon dioxide.

Confidence level – per IPCC definition (see Box TS.1 of the Technical Summary of the AR5 (2013) for more details):

Confidence levels, such as *high, medium*, and *low confidence*, are the part of the five qualifiers defined in the IPCC assessment reports.

ENSO – El Nino-Southern Oscillation is the Pacific Ocean temperature effect on the atmospheric circulation.

GCM – General Circulation Model(s). Sometimes, GCM also stands for Global Climate Model(s)

GHG – Greenhouse gas.

IPCC – Intergovernmental Panel on Climate Change, organized by the United Nations Environment Programme and World Meteorological Organization.

Likelihood statement - per IPCC definition (see Box TS.1 of the Technical Summary of the AR5 (2013) for more details):

Likelihood levels are defined with quantitative probability in the IPCC assessment reports, such as: *likely* 66-100%, *very likely* 90-100%, and *virtually certain* 99-100% probability.

N_2O - Nitrous oxide.

No regrets approach – is the process of making adaptive management changes when needed, not before the situation is fully understood and not too late.

PMP – Probable maximum precipitation

PMF – Probable maximum flood

RCM – Regional climate models

RCP – Representative concentration pathways are greenhouse gas concentration trajectories adopted by the IPCC for its fifth Assessment Report (AR5). They replace the family of SRES scenarios that was used in AR4.

Approche globale du système – prend en compte les besoins multiples appropriés et les objectifs à l'échelle du bassin hydrographique.

La CIGB remercie et reconnait également les sources de glossaires suivantes du GIEC :

- http://www.ipcc.ch/pdf/assessment-report/ar4/syr/ar4_syr_appendix.pdf

- http://www.ipcc.ch/publications_and_data/publications_and_data_glossary.shtml#.UglGVo7GK6E

Whole-of-the-system approach – is taking into account the appropriate multiple needs and of objectives at the river basin scale.

ICOLD authors also acknowledge following IPCC sources of additional glossaries:

- http://www.ipcc.ch/pdf/assessment-report/ar4/syr/ar4_syr_appendix.pdf

- http://www.ipcc.ch/publications_and_data/publications_and_data_glossary.shtml#. UglGVo7GK6E

14.   ANNEXE A – ÉTUDES DE CAS DE LA CIGB SUR LE CHANGEMENT CLIMATIQUE

Étude de cas A

Nom du projet		Plan d'adaptation du bassin de Murray Darling (Australie)
Coûts du projet		12 milliards US (2012)
Type de projet		Approche intégrée pour des pompages durables de l'eau et restauration de la santé des rivières en utilisant des approches de gestion adaptative, y compris la modification des pratiques opérationnelles et des travaux d'ingénierie
Date	Début	La phase de consultation communautaire a débuté en 2009; la mise en œuvre a commencé en 2012.
	Fin	Était prévue en 2019
Localisation	Pays	Australie
	Coordonnées	35.2828° S, 149.1314° E
	Carte	THE MURRAY-DARLING BASIN
Scenarios de changements climatiques		Les afflux dans le bassin Murray-Darling sont naturellement extrêmement variables, un certain nombre de sécheresses (courtes ou longues) ayant été enregistrées historiquement. Les apports dans le bassin au cours des douze années de la récente « sécheresse du millénaire » (2000 à 2011) ont été de 40% inférieures aux moyennes historiques. Des preuves paléoclimatiques suggèrent que des sécheresses pires que celles-ci se sont produites dans le passé. Des études sur les changements climatiques (par exemple, celle du Southern Eastern Australia Climate Change Institute (www.seaci.org)) indiquent que le climat du bassin est susceptible de devenir encore plus variable, ainsi que de plus en plus chaud et sec avec une probabilité d'inondations plus extrêmes. Les projections du modèle moyen prévoient une réduction de 10% de la disponibilité moyenne en eau de surface à travers le bassin d'ici 2030, avec une variabilité significative probable entre le nord et le sud du bassin.

Project Case Study A

Project Name		Murray Darling Basin Plan (Australia)
Project Cost		Budget allocation approximately USD12 billion (2012)
Project Type		Integrated approach to restoration of sustainable water extractions and river health using adaptive management approaches including modification of operational practices and engineering works.
Date	Commencement	Community consultation phase commenced 2009; Delivery implementation commenced 2012.
	Completion	Target completion 2019
Location	Country	Australia
	Coordinates	35.2828° S, 149.1314° E
	Map	
Climate Change Scenario		Inflows into the Murray-Darling Basin are naturally extremely variable with history recording a number of short- and long-term droughts. Inflows to the basin over the twelve years of the recent "millennium drought" (2000 to 2011) were 40% below long-term averages. Palaeo-climatic evidence suggests that worse droughts than this have occurred in the past. Climate change studies (eg the Southern Eastern Australia Climate Change Institute (www.seaci.org)) indicate the Basin climate is likely to become even more variable, as well as hotter and drier together with the likelihood of more extreme floods. Mid-range model projections are for a reduction of 10% in average surface water availability across the Basin by 2030, with significant variability also likely between the northern and southern basin.

Autres facteurs		Le bassin Murray Darling couvre environ 1 059 000 km², soit 14% du continent australien. Il comprend plus de 77 000 km de rivières traversant cinq États, plus de 25 000 zones humides et abrite plus de deux millions de personnes, des écosystèmes rares et complexes et plusieurs espèces d'oiseaux et d'animaux menacées.
		C'est un lieu significatif pour les autochtones qui abrite plus de 30 nations dont les liens avec la terre, l'eau et l'environnement remontent à plusieurs milliers d'années. Le bassin est la région agricole la plus importante d'Australie avec une valeur de production annuelle de plus de 10 milliards de dollars, et l'industrie dépend fortement de l'irrigation pour approvisionner un tiers de l'approvisionnement alimentaire national et également soutenir de nombreuses industries importantes d'exportation de produits alimentaires.
		C'est une région à valeur économique, sociale, culturelle, spirituelle et environnementale extrême.
Description du projet	Historique	Les impacts paralysants de la sécheresse du millénaire sur l'environnement, la production agricole et les communautés ainsi qu'une prise de conscience accrue des impacts des changements climatiques ont conduit le gouvernement australien à revoir la gestion globale des ressources en eau dans le bassin Murray-Darling.
		Au cours des deux cents dernières années, plusieurs projets majeurs d'ingénierie, dont le Snowy Mountains Scheme, 14 grands barrages et déversoirs (dont certains des plus grands barrages d'Australie) et des milliers de kilomètres de systèmes de distribution d'irrigation ont été développés et la gestion des systèmes fluviaux a été considérablement altérée comparativement aux conditions précédentes.
		Les contraintes évidentes de la sécheresse, les prévisions futures quant à la variabilité climatique et les extrêmes envisagés pour les apports ont été le catalyseur de la révision des pratiques actuelles de gestion de l'eau à travers le bassin.
	Problèmes envisagés	Le bassin Murray Darling est un système fluvial très complexe avec de nombreux intérêts concurrents, des communautés et environnementaux. Aborder les scénarios de changements climatiques à long terme et remettre en question les décisions du passé a nécessité une modélisation scientifique approfondie, l'engagement communautaire et un débat politique
	Action	L'autorité du bassin Murray-Darling du gouvernement australien a été chargée de mettre en œuvre une future stratégie de gestion pour le bassin, connue sous le nom de plan Murray-Darling Basin. Ce plan décrit et intègre le futur programme de gestion adaptative qui utilise une combinaison de travaux d'ingénierie, d'ajustements opérationnels, de réacquisition des droits de propriété sur l'eau, d'engagement communautaire et de surveillance et d'examen continus.

Other Factors		The Murray Darling Basin covers approximately 1,059,000 km2 or 14% of the Australian landmass. It comprises over 77,000 km of rivers flowing through five states, more than 25,000 wetlands and is home to over two million people, rare and complex ecosystems, and several endangered species of birds and animals.
		It is a place of special indigenous significance and home to more than 30 Aboriginal nations whose connection with the land, water and environment extends over many thousands of years. The Basin is Australia's most important agricultural region with an annual production value in excess of $10 billion, and the industry relies heavily on irrigation to supply one third of the national food supply and also supporting many important food export industries.
		It is a region of extreme economic, social, cultural, spiritual, and environmental value.
Project Description	Background	The crippling impacts of the millennium drought across the Murray Darling Basin on the environment, agricultural production and communities together with an increased awareness of the impacts of climate change lead the Australian Government to review the overall management of water resources in the Murray-Darling Basin.
		Over the past two hundred years several major engineering projects including the Snowy Mountains Scheme, 14 large dams and weirs (including some of Australia's largest dams) and thousands of kilometres of irrigation distribution systems have been developed and management of the river systems altered significantly from pre-existing conditions.
		The stresses evident from the drought and the future predictions of climate variability and extremes in inflows were the catalyst to reviewing current water management practices across the Basin.
	Issue	The Murray Darling Basin is a very complex river system with many competing interests, communities, and environments. A solution to addressing long term climate change scenarios as well as addressing many of the decisions of the past required extensive scientific modelling, community engagement and political debate.
	Action	The Australian Government's Murray-Darling Basin Authority was tasked with delivering a future management strategy for the Basin, known as the Murray-Darling Basin Plan. This Plan outlines and integrated future adaptive management program which uses a combination of engineering works, operational adjustments, re-acquisition of water property rights from individuals, community engagement and ongoing monitoring and review.

Figures/ Photographies	
	Schéma de principe du réseau hydrographique Murray-Darling
	Barrage de Hume sur la rivière Murray
	Consultation Communautaire durant la préparation du Plan
Références	www.mdba.gov.au/basin-plan
	www.environment.gov.au/water/basin-plan/index.html
	www.seaci.org
	www.youtube.com/watch?v=Jbi3e4Ogx1c&feature=player_detailpage
	www.youtube.com/watch?feature=player_detailpage&v=Wumfo3AJ57c

Figures/ Photographs	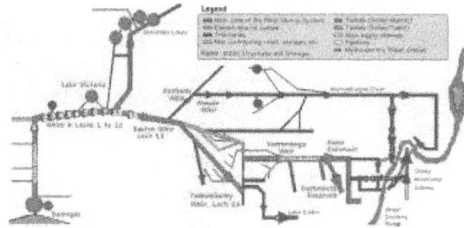
	Schematic Diagram of Murray-Darling River System

	Hume Dam on the River Murray

	Community consultation during development of the Plan
References	www.mdba.gov.au/basin-plan www.environment.gov.au/water/basin-plan/index.html www.seaci.org www.youtube.com/watch?v=Jbi3e4Ogx1c&feature=player_detailpage www.youtube.com/watch?feature=player_detailpage&v=Wumfo3AJ57c

Étude de cas B

Nom du projet		Projet de protection et adaptation East Demerara : Étude Préinvestissement (Guyana)
Coût (année)		2,9 millions de $ US (2011)
Type de projet		Adaptation
Date	Début	Mars 2011
	Fin	Mars 2013
Localisation	Pays	Guyana, Amérique du sud
	Coordonnées	6.8000° N, 58.1667 ° E
	Carte	
Scenarios de changements climatiques		Le littoral peuplé de la Guyane se situe jusqu'à 2 mètres sous le niveau moyen de la mer. Cela signifie que toute eau qui s'accumule le long de la bande côtière ne peut être évacuée que pendant les petites fenêtres de drainage à marée basse ou par pompage. Le taux d'élévation du niveau de la mer dans cette zone est estimé à environ 1 cm par an, de sorte que ces fenêtres de drainage diminuent. De plus, les épisodes de précipitations extrêmes semblent devenir plus courants au Guyana, et en 2005, un événement pluvieux qui a été comparé à un événement de 1: 5 000 ans a laissé tout le littoral peuplé inondé, les niveaux d'eau dans la maison atteignant la hauteur de la poitrine. Il a fallu trois semaines avant que les eaux de crue ne soient évacuées.

Project Case Study B

Project Name		Guyana Conservancy Adaptation Project: Pre-Investment Studies (Guyana)
Project Cost		USD 2.9M (2011)
Project Type		Adaptation
Date	Commencement	March 2011
	Completion	March 2013
Location	Country	Guyana, South America
	Coordinates	6.8000° N, 58.1667 ° E
	Map	
Climate Change Scenario		The populated coastline of Guyana lies up to 2m below the mean sea level. This means that any water which accumulates along the coastal strip can only be discharged during the small drainage windows at low tide, or by pumping. The rate of sea level rise in this area is estimated at around 1cm per year, so that those drainage windows are decreasing. Added to that, extreme rainfall events appear to be getting more common in Guyana, and in 2005 a rainfall event which has been likened to the 1:5,000-year event left the whole populated coastline inundated, with water levels in people's home reaching chest height. It was three weeks before the flood waters could be discharged.

		Lors de cet événement, les digues EDWC, qui conservent un grand réservoir peu profond à l'intérieur de la bande côtière, ont été dépassées et ont subi des glissements localisés, mais n'ont pas cédé. Le gouvernement du Guyana a reconnu que si le barrage avait été rompu, les résultats auraient été catastrophiques pour les zones peuplées en aval. L'augmentation des précipitations extrêmes a mis en évidence le fait que le réservoir est désormais systématiquement exploité au-dessus du niveau d'eau supérieur prévu, ce qui met plus de pression sur le barrage.
Autres facteurs		Le Guyana est un pays très pauvre, et en tant que tel, le gouvernement a très peu d'argent à dépenser pour l'entretien, de sorte que les systèmes de drainage et les digues du EDWC sont tombés en ruine.
Description du projet	Historique	Ce projet est financé par le Global Environment Facility Special Climate Change Fund, et administré par la Banque Mondiale.
	Problèmes envisagés	L'objectif de ce projet est de réduire la vulnérabilité du pays aux inondations catastrophiques.
	Action	Le projet vise à atteindre cet objectif par les moyens suivants : 1. Le renforcement de la compréhension du gouvernement du système EDWC et des régimes de drainage des plaines côtières grâce à une modélisation hydraulique basée sur les informations topographiques recueillies par LiDAR et l'installation d'un vaste réseau d'instruments hydrologiques. 2. L'augmentation de la capacité de drainage de l'EDWC par l'excavation de nouveaux canaux de drainage. 3. L'augmentation de la capacité de drainage des systèmes de drainage des plaines côtières par la mise en œuvre d'interventions clés et la recommandation de nouveaux travaux. 4. La mise en œuvre de travaux de réhabilitation et renforcement des 60 km de digues de l'EDWC et des structures associées. 5. Le renforcement de la capacité du gouvernement à identifier les interventions clés et à effectuer une maintenance efficace grâce à un programme de formation pratique et de transfert de technologie.
Références		Le site Web du projet est en construction. En attendant, les détails peuvent être trouvés aux adresses Web suivantes http://www.worldbank.org/projects/P103539/conservancy-adaptation-project?lang=en http://www.thegef.org/gef/project_detail?projID=3227

		During this event, the EDWC[3] Dam, which retains a large shallow reservoir inland of the coastal strip, was overtopped and suffered localised slip failures, but did not breach. The Government of Guyana recognised that had the dam breached, the results would have been catastrophic for the populated areas downstream. The increase in extreme rainfall has meant that the reservoir is now routinely operated above the stated Top Water Level, putting more pressure on the under-designed dam.
Other Factors		Guyana is a very poor country, and as such the Government have very little money to spend on maintenance, so the drainage systems and the EDWC Dam itself have been left to fall into disrepair.
Project Description	Background	This project is funded by the Global Environment Facility Special Climate Change Fund and administered by the World Bank.
	Issue	The objective of this project is to: reduce the country's vulnerability to catastrophic flooding
	Action	The project aims to achieve that objective in the following ways: 1. Strengthening the Government of Guyana's understanding of the EDWC system and coastal plain drainage regimes by the production and use of hydraulic models, based on topographic information gathered by LiDAR and the installation of an extensive network of hydrologic instrumentation. 2. Increasing the drainage relief capacity of the EDWC by the excavation of new drainage channels, as designed through the use of the EDWC hydraulic model. 3. Increasing the drainage relief capacity of the coastal plain drainage regimes by the implementation of key interventions and recommendation of further works, as determined through the use of the hydraulic models. 4. Design of rehabilitation works to strengthen the 60km long EDWC dam and associated structures. 5. Strengthening the Government's capacity to identify key interventions and carry out effective maintenance through a hands-on training programme and technology transfer.
References		The project website is under construction. In the meantime, details can be found at the following web addresses http://www.worldbank.org/projects/P103539/conservancy-adaptation-project?lang=en http://www.thegef.org/gef/project_detail?projID=3227

3 East Demerara Water Conservancy

Étude de cas C

Nom du projet		"Les Bois" hydropower plant (France) : glacier water intake structure displacement due to climate-induced glacier front retreat
Coût (année)		16 Millions Euros = approx. 21 millions USD
Type de projet		Adaptation structurelle
Date	Date	2007
	Complétion	2011
Localisation	Pays	France (Chamonix, Alpes fran)
	Coordonnées	lat. 45°56'08"N – long. 06°51'18"E
	Carte	https://maps.google.fr/ maps?q=les+bois+chamonix&hl=en&gbv=2&ie=UTF-8
Scenarios de changements climatiques		Les progrès du retrait du front des glaciers ont été modilisés par l'Institut des Géosciences de l'Environnement en utilisant une combinaison de différents scénarios d'émission de gaz à effet de serre (familles A1, A2, B1, B2) pour développer un modèle de réponse des glaciers ce qui a conduit à des scénarios à la fois pessimistes et optimistes pour les prochains 20 ans. Le déplacement de la prise d'eau a été basé sur les résultats du scénario pessimiste.
Autres Facteurs		Si aucune mesure d'adaptation n'avait été prise, la prise d'eau existante sous le glacier serait devenue apparente et progressivement affectée et comblée par des glissements de terrain provenant des berges. Ainsi, l'efficacité, sinon toute l'opération de la centrale, aurait été partiellement ou totalement perdue.
Description du projet	Historique	La centrale Les Blois (40 MW), propriété de Électricité de France (EDF), a été construite au début des années 70 et utilise l'eau provenant du processus de fonte du glacier « Mer de Glace ».
	Problèmes envisagés	Le recul du glacier s'est accéléré dans les années 2000 (voir photos), de sorte que la structure de la prise d'eau aurait pu être découverte avant 2010.
	Action	3 options ont été envisagées pour maintenir l'exploitation de l'usine de manière durable : sécuriser et renforcer la protection de la prise d'eau existante (risqué); déplacer la prise d'eau en aval (perte de puissance et d'énergie); déplacer la prise d'eau en amont (coûteuse mais assurant la performance du projet). Cette dernière option a été choisie.

Project Case Study C

Project Name		"Les Bois" hydropower plant (France) : glacier water intake structure displacement due to climate-induced glacier front retreat
Project Cost		16 Millions Euros = approx. 21 millions USD
Project Type		Structural adaptation
Date	Commencement	2007
	Completion	2011
Location	Country	France (city : Chamonix, French Alps)
	Coordinates	GPS : lat. 45°56'08"N – long. 06°51'18"E
	Map	https://maps.google.fr/ maps?q=les+bois+chamonix&hl=en&gbv=2&ie=UTF-8
Climate Change Scenario		Glacier front retreat progress has been projected by French glaciology research lab (LGGE) using a combination of different GHG emissions scenarios (A1, A2, B1, B2 families) and a glacier response model, that led to both pessimistic and optimistic scenarios for the next 20 years. Displacement of the intake structure has been based on the pessimistic scenario results.
Other Factors		If no adaptation action has been taken, the existing intake structure underneath the glacier would have been becoming apparent in 2 or 3 years and progressively affected and fulfilled by landslide materials coming from the banks. Thus, efficiency if not entire operation would have been partially or totally lost.
Project Description	Background	Les Blois power plant is a 40 MW project owned by Electricité de France (EDF), constructed in the early 70s, and using water coming from "Mer de Glace" glacier melt process.
	Issue	Glacier front retreat has accelerated in the last decade (see pictures), such that the intake structure could become uncovered in the next 2 to 3 years.
	Action	3 options were considered to maintain plant operation in a durable manner: secure and reinforce protection of existing intake structure (risky); displace intake structure downstream (loss of power and energy); displace intake structure upstream (costly but ensuring performance of the project). This final option has been chosen.

Figures/ Photographies	Retrait du front de glacier entre 1990 et 2008 (voir la progression de la formation des lacs sur le front du glacier lors du retrait) :

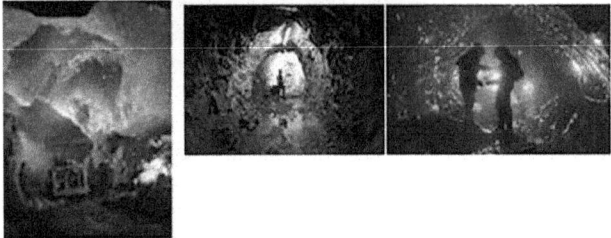

Figures/ Photographs	Glacier front retreat for 1990-2008 (see progress of lakes formation at the glacier front while retreating):

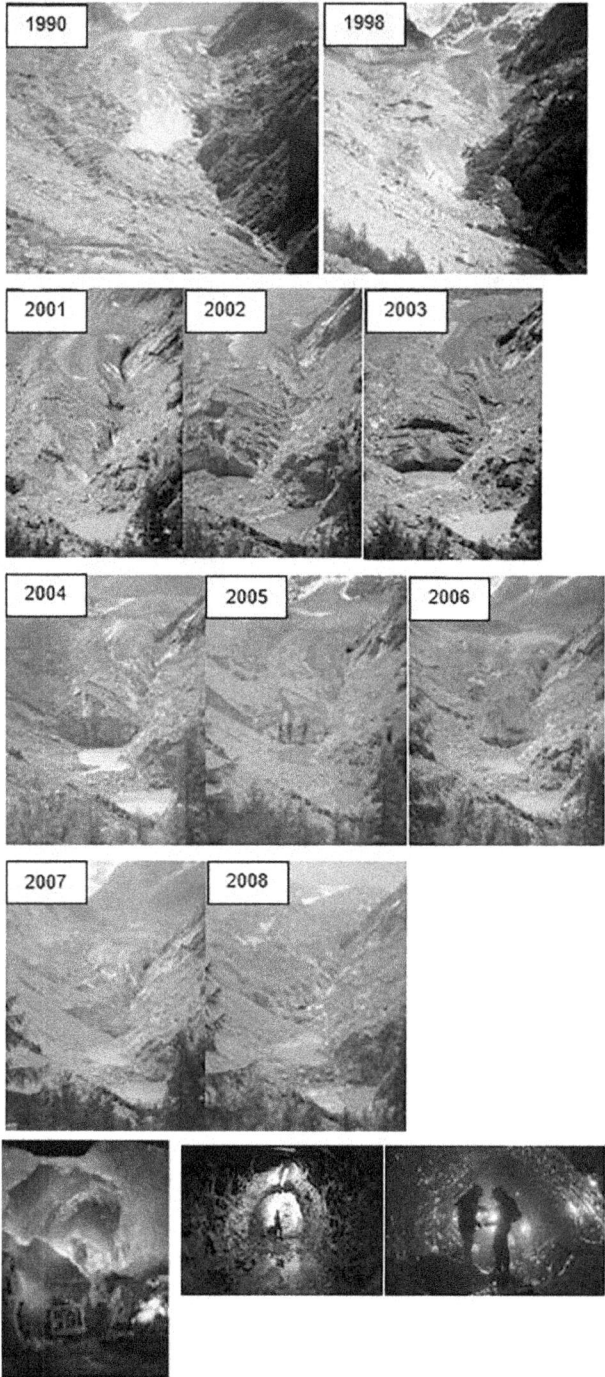

1990

1998

2001

2002

2003

2004

2005

2006

2007

2008

Excavation works for new intake structure

Works underneath glacier

| Références | Un projet exceptionnel : Les Bois power plant in Chamonix. In Tunnels & Espace souterrain, n°219- Mai/Juin 2010, pp. 217-230.

Centrale hydro-électrique des Bois en Haute-Savoie : travaux d'adaptation suite au recul de la Mer de Glace. In Travaux, n°875, Oct. 2010, pp. 63-69. |
|---|---|

References	An exceptional project : Les Bois power plant in Chamonix. In *Tunnels & Espace souterrain*, n°219- Mai/Juin 2010, pp. 217-230. Centrale hydro-électrique des Bois en Haute-Savoie : travaux d'adaptation suite au recul de la Mer de Glace. In Travaux, n°875, Oct. 2010, pp. 63-69.

Étude de cas D

Nom du projet		Réduction des débits de crue de deux barrages hydroélectriques dans la rivière Kumano (Japon)
Coût (année)		Non fourni
Type de projet		Adaptation opérationnelle
Date	Début	1er juin 2012
	Fin	Non proposé (amélioration continue basée sur le fonctionnement réel)
Localisation	Pays	Japon
	Coordonnées	E135°58'26" & N34°2'31" (Ikehara)
		E135°47'14" & N34°2'30" (Kazeya)
	Carte	
Scenarios de changements climatiques		Non proposés. (Au Japon, toutes les adaptations opérationnelles / structurelles des barrages sont effectuées sur la base de l'expérience des précipitations anormales ou des inondations qui ont effectivement eu lieu, et non sur la base de la projection des changements climatiques).
Autres facteurs		Au Japon, les barrages utilisant l'eau ne sont pas légalement tenus de contribuer au contrôle des inondations. L'obligation légale des barrages de stockage de l'eau est de maintenir une capacité vacante pour annuler les effets de la réduction du stockage des canaux fluviaux et de l'augmentation de la vitesse de propagation des crues, uniquement en cas de crue. Le niveau d'eau pour cette opération est appelé « niveau de préparation à l'évacuation ».

Description du projet	Historique	Confronté à une évolution régulière des typhons, le bassin de la rivière Kumano souffre depuis longtemps des inondations, mais il n'y a pas de barrage de contrôle des inondations.
	Problèmes envisagés	Le typhon Talas, le 12e typhon de 2011, qui a atteint une grande partie de l'ouest du Japon, a provoqué des précipitations et des inondations records dans le bassin du fleuve Kumano. Les dégâts causés par les inondations étaient si graves que Electric Power Development Co. Ltd. (J-Power), en tant que propriétaire de barrages utilisant l'eau, a décidé de promouvoir volontairement la coopération pour le contrôle des inondations.

Project Case Study D

Project Name		Reduction of flood discharge from two hydropower dams in Kumano River (Japan)
Project Cost		Not opened (Reduction of power generation)
Project Type		Operational adaptation
Date	Commencement	June 1, 2012
	Completion	Not proposed (Continuous improvement based on actual operation)
Location	Country	Japan
	Coordinates	E135°58'26" & N34°2 '31" (Ikehara dam) E135°47'14" & N34°2 '30" (Kazeya dam)
	Map	
Climate Change Scenario		Not proposed. (In Japan, all operational / structural adaptation of dams is performed based on experience of abnormal rainfall or flood which actually took place, not based on projection of climate change.)
Other Factors		In Japan, water use dams are not legally obliged to contribute to flood control. Legal obligation of water use dams is to keep vacant capacity for cancellation of the effects of reduction of river channel storage and increase of flood propagation velocity, only when flood is occurring. The water level for this operation is called "discharge preparation water level".

Project Description	Background	Facing regular course of typhoons, the Kumano River basin has long been suffering from flood damage, but there is no flood control dam.
	Issue	Typhoon Talas, the 12th typhoon of 2011, which attacked wide area of western Japan, brought record-breaking rainfall and flood in Kumano River basin. Its flood damage was so serious that Electric Power Development Co. Ltd. (J-Power), as an owner of water use dams, decided to promote its cooperation with flood control voluntarily.

	Action	J-Power, qui possède 2 grands barrages hydroélectriques, le barrage d'Ikehara et le barrage de Kazeya dans la rivière Kumano, avait volontairement poursuivi sa coopération pour le contrôle des inondations depuis 1997 en fixant le "niveau cible transitoire" en-dessous du « niveau de préparation à l'évacuation ». Après le typhon Talas, J-Power a décidé de baisser davantage le « niveau cible transitoire » pour augmenter la capacité vacante.

La vidange vers le « niveau cible transitoire » est effectuée uniquement par le rejet des eaux turbinées. Afin de déterminer les critères pour commencer la baisse de niveau, il est nécessaire de prévoir avec une grande précision les précipitations moyennes totales dans le bassin versant sur 2 ou 3 jours. En combinant les prévisions météorologiques numériques de l'Agence météorologique japonaise et les données de trajectoire des typhons observés, les précipitations moyennes totales dans le bassin versant et l'ampleur des inondations, les critères ont été déterminés comme indiqué dans le tableau suivant.

Meteorological information			Criteria Stage 1 (Common to the 2 dams)	Criteria Stage 2 (Ikehara dam)
Typhoon information	Present centre location		To the north of 15'N and between120 ' E and 145'E	ditto
	Predicted course		Less than 300km from the 2 dams	ditto
Rainfall prediction by Global Spectral Model (GSM)	84-hours total rainfall based on the maximum value of the GPV at the 6 grid points located in the catchment		More than 200mm	More than 500mm

Figures/ Photographies		

Dam features		Ikehara Dam (left)		Kazeya Dam (right)	
Completeion year			1964		1960
Height (m)			111.0		101.0
Effective Capacity (Mm³)			220.1		89.0
Maximum Water Usage (m³/s)			342.0		60.0
Available vacant capacity to reduce flood discharge		Water level (m+L.W.L)	Vacant capacity (Mm³)	Water level (m+L.W.L)	Vacant capacity (Mm³)
Normal water level		35.0	0.0	30.0	0.0
Discharge preparation water level (legal obligation)		32.8	18.0	26.0	17.0
Target water level (1997-2011)		29.0	48.0	24.0	24.0
Interim target water level (2012-)	Stage 1: 27.5	59.0	23.0	28.0	
	Stage 2: 26.0	70.0			

| Références | 1) Matsubara, T., S. Kasahara, Y. Shimada, E. Nakakita, K. Tsuchida, and N. Takada, 2013, Study on applicability of information of typhoons and GSM (Global Spectral Model) for dam operation. Journal of Japan Society of Civil Engineers, Ser. B1 (Hydraulic Engineering), 69, I_367-I_372.

2) Technical Committee on Dam Operation, "Interim Report Toward Improvement of Implementation of Dam Operation. May 2012", Electric Power Development Co. Ltd. (online), available from <http://www.jpower.co.jp/oshirase/pdf/ oshirase120604-3.pdf> |
|---|---|

| | Action | J-Power, which owns 2 large hydropower dams, Ikehara dam and Kazeya dam in Kumano River, had voluntarily been continuing cooperation with flood control since 1997 by setting "target water level" below discharge preparation water level. After Typhoon Talas, J-Power decided to set further lower "interim target water level" to enlarge the vacant capacity. |

J-Power, which owns 2 large hydropower dams, Ikehara dam and Kazeya dam in Kumano River, had voluntarily been continuing cooperation with flood control since 1997 by setting "target water level" below discharge preparation water level. After Typhoon Talas, J-Power decided to set further lower "interim target water level" to enlarge the vacant capacity.

Drawdown toward interim target water level is performed by only generation discharge. In order to determine criteria to begin the drawdown, it is necessary to predict total average rainfall in the catchment in 2 or 3 days in the future in high accuracy. Combining the numerical meteorological prediction by Japan Meteorological Agency and the statistical relationship between the observed typhoon courses, total average rainfall in the catchment and magnitude of floods, the criteria were determined as shown in the following table.

Meteorological information		Criteria Stage 1 (Common to the 2 dams)	Criteria Stage 2 (Ikehara dam)
Typhoon information	Present centre location	To the north of 15°N and between120°E and 145°E	ditto
	Predicted course	Less than 300km from the 2 dams	ditto
Rainfall prediction by Global Spectral Model (GSM)	84-hours total rainfall based on the maximum value of the GPV at the 6 grid points located in the catchment	More than 200mm	More than 500mm

Figures/ Photographs

Dam features	Ikehara Dam (left)		Kazeya Dam (right)	
Completeion year	1964		1960	
Height (m)	111.0		101.0	
Effective Capacity (Mm³)	220.1		89.0	
Maximum Water Usage (m³/s)	342.0		60.0	
Available vacant capacity to reduce flood discharge	Water level (m+L.W.L)	Vacant capacity (Mm³)	Water level (m+L.W.L)	Vacant capacity (Mm³)
Normal water level	35.0	0.0	30.0	0.0
Discharge preparation water level (legal obligation)	32.8	18.0	26.0	17.0
Target water level (1997-2011)	29.0	48.0	24.0	24.0
Interim target water level (2012-)	Stage 1: 27.5 Stage 2: 26.0	59.0 70.0	23.0	28.0

References

1) Matsubara, T., S. Kasahara, Y. Shimada, E. Nakakita, K. Tsuchida, and N. Takada, 2013, Study on applicability of information of typhoons and GSM (Global Spectral Model) for dam operation. Journal of Japan Society of Civil Engineers, Ser. B1 (Hydraulic Engineering), 69, I_367-I_372.

2) Technical Committee on Dam Operation, "Interim Report Toward Improvement of Implementation of Dam Operation. May 2012", Electric Power Development Co. Ltd. (online), available from <http://www.jpower.co.jp/oshirase/pdf/oshirase120604-3.pdf>

Étude de cas E

Nom du projet		Description
Colorado River Municipal Water District - Ward County Water Supply Expansion Project (USA)		Le Colorado River Municipal Water District fournit de l'eau municipale et industrielle, en totalité ou en partie, à environ 400 000 personnes dans l'ouest du Texas, aux États-Unis. Il s'appuie sur trois réservoirs de surface et quelques réserves d'eau souterraine d'urgence. Ce projet a permis d'augmenter la disponibilité des eaux souterraines pendant les périodes de sécheresse.
Coût (année)		Coût total du projet en USD et par an $130 millions (2012)
Type de projet		Opérationnel / structurel / adaptation Aménagement de puits d'eau souterraine pour fournir de l'eau lorsque l'eau de surface manque. La recharge de l'eau souterraine est limitée, elle ne sera donc utilisée que lorsque l'eau de surface n'est pas disponible.
Date	Début	June, 2011
	Fin	Décembre, 2012
Localisation	Pays	USA (Texas)
	Coordonnées	Longitude – 103,03,16.85 Latitude – 31,34,5.53
	Carte	
Scenarios de changements climatiques		Le district hydrographique municipal de la rivière Colorado a développé un système d'approvisionnement en eau de 3 grands réservoirs de stockage. Le premier a été mis en service dans les années 50, le dernier dans les années 90. La région n'a pas de possibilité de développement additionnel de l'utilisation de l'eau de surface et a cependant une nouvelle acquisition depuis les années 1990. L'approvisionnement fiable des réservoirs a chuté de près de 50% depuis les années 1990. Le volume total de stockage est tombé à environ 98,7 M m³ (<10%) en 2012.

Project Case Study E

Project Name		Description
Colorado River Municipal Water District - Ward County Water Supply Expansion Project (USA)		The Colorado River Municipal Water District supplies municipal and industrial water in whole or in part to about 400,000 people in west Texas, USA. It relied upon 3 surface reservoirs and some emergency groundwater supplies. This project increased the groundwater availability during droughts.
Project Cost		Total project cost USD and year $130 million in 2012
Project Type Developed groundwater		Operational/ structural/ adaptation Developed groundwater wells to provide water when surface water was not available. There is limited recharge to the groundwater so it will only be used when surface water is not available.
Date 2012	Commencement	June, 2011
	Completion	December, 2012
Location	Country	USA (Texas)
	Coordinates	Longitude – 103,03,16.85 Latitude – 31,34,5.53
	Map	
Climate Change Scenario		Colorado River Municipal Water District has developed a water supply system of 3 major water supply reservoirs. The first was placed into operation in the 1950's, the last in the 1990's. The region has no additional surface water to develop and has suffered a reacquiring since the 1990's. The reliable supplies from the reservoirs has dropped nearly 50% since the 1990's. The total storage volume dropped to as low as about 80,000 af (<10%) in 2012.

Autres facteurs		1. La région connaît une croissance rapide liées aux nouvelles technologies de récupération du pétrole qui entraînent de nouveaux forages dans des champs pétroliers plus anciens.
		2. L'eau souterraine utilisée a une recharge limitée, elle n'est donc utilisée que lorsque d'autres sources d'eau de surface ne sont pas disponibles.
		3. Le district sollicite actuellement des propositions pour trouver d'autres sources d'eau souterraine si la sécheresse persiste.
Description du projet	Historique	CRMWD fournit de l'eau de surface aux villes de l'ouest du Texas depuis le début des années 50. Le lac JB Thomas a été fermé en 1952, EV Spence en 1969 et OH Ivie en 1990. À l'exception du début des années 1970, le district a fourni tous les besoins en eau de la région par le biais des eaux de surface.
	Problèmes envisagés	Les trois sites d'approvisionnement en eau de surface du CRMWD sont presque vides et ont très peu d'apports pour soutenir l'évaporation et les demandes d'approvisionnement en eau. En prévision de l'assèchement des eaux de surface, le projet fournira suffisamment d'eau souterraine pour la santé et la sécurité de ses clients.
	Action	CRMWD a acheté un champ de puits et les droits d'eau souterraine, installé 21 nouveaux puits d'eau souterraine, 20 milles de tuyauterie de collecte de puits, 72 km de pipeline de transmission de 105/120 cm de diamètre et quatre stations de pompage.
Figures/ Photographies		Station de pompage
Références		Non fournies

Other Factors		1. The region is experiencing rapid growth driven by new technology in oil recovery that is bringing new drilling in older oil fields.
		2. The groundwater that is being used has limited recharge so it is only used when other surface water supplies are not available.
		3. The District is currently soliciting proposals to find other groundwater supplies if the drought persists.
Project Description	Background	CRMWD has provided surface water to cities in west Texas since the early 1950's. Lake JB Thomas was closed in 1952, EV Spence in 1969, and OH Ivie in 1990. With the exception of the early 1970's the District has provided all of the water supply needs for the region through surface water.
	Issue	CRMWD's three surface water supplies are nearly empty and have very little inflow to sustain the evaporation and water supply demands. In preparation of the surface water going dry, the project will provide enough ground water for health and safety of its customers.
	Action	CRMWD purchased a well field and the ground water rights, installed 21 new groundwater wells, 20 miles of well collection piping, 45 miles of 42/48-inch diameter transmission pipeline and four pump stations.
Figures/ Photographs		
References		none

Étude de cas F

Nom du projet		Projet d'amélioration de la stabilité hydrologique des barrages existants (Corée)
Coût (année)		2,2 milliards $ US
Type de projet		Structurel et adaptation
Date	Début	Avril 2003
	Fin	En cours au moment de la rédaction du rapport
Localisation	Pays	République de Corée
	Coordonnées	24 sites de l'ensemble du pays Entre 34°N et 38°N, 129°E et 132°E
	Carte	
Scenarios de changements climatiques		Assurer la stabilité hydrologique des barrages existants contre les inondations maximales probables dues aux changements climatiques.
Autres facteurs		Dommages économiques chroniques dus à l'augmentation de l'intensité des précipitations.
Description du projet	Historique	La réestimation du PMF a montré que l'augmentation des précipitations peut entrainer un débordement des barrages existants, et leur possible défaillance.
	Problèmes envisagés	Certains barrages se sont effondrés, entrainant des pertes de vies humaines et de biens.
	Action	Une réévaluation de la stabilité hydrologique de tous les principaux barrages en Corée a été effectuée et diverses mesures ont été appliquées à chaque barrage

Project Case Study F

Project Name		Hydrological Stability Enhancement Project of the Existing Dams (Korea)
Project Cost		2.2 billion USD
Project Type		Structural& adaptation
Date	Commencement	April, 2003
	Completion	Ongoing
Location	Country	Republic of Korea
	Coordinates	24 sites of the overall country Between 34°N and 38°N, 129°E and 132°E
	Map	
Climate Change Scenario		Securing Hydrological Stability of the existing dams against Probable Maximum Floods due to the Climate Change
Other Factors		Chronic economic damages due to increasing rainfall intensity
Project Description	Background	Re-estimation of the PMF showed that the increased rainfall may overtop the existing dams resulting in failure
	Issue	Some dams have been failed caused loss of lives and properties
	Action	Re-evaluation of the hydrological stability in all major dams in Korea was performed and various measures have been applied to each dams

Figures/ Photographies	
	Exemple de l'expansion du déversoir du barrage de Soyanggang. Deux tunnels supplémentaires ont été ajoutés pour répondre l'augmentation du PMF
Références	http://english.kwater.or.kr/

Figures/ Photographs	
	Example of the spillway expansion in Soyanggang dam. Two additional tunnels have been completed to cover the increased PMF
References	http://english.kwater.or.kr/

For Product Safety Concerns and Information please contact our EU
representative GPSR@taylorandfrancis.com
Taylor & Francis Verlag GmbH, Kaufingerstraße 24, 80331 München, Germany

9 781032 987378